図解 道具としての
材料力学入門

西野創一郎 [著]

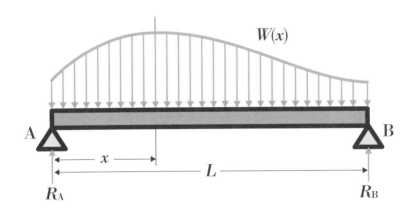

日刊工業新聞社

はじめに

　大学で材料力学の授業を担当して10年以上になります。一方で、企業における新人教育や社会人向けのセミナーで材料力学に関する講義を行ってきましたが、設計や製造で要求される「材料力学」の知識や学問体系に対して、世の中に数多く存在する材料力学の教科書がどの程度役に立っているか疑問に思っていました。それぞれの教科書を否定するというわけではなく、もう少し情報を追加して視点を変えれば、材料力学の知識がさらに設計者にとって役に立つであろうと考えていました。

　材料力学は、エンジニアがものづくりを行う上で必要とされている学問の一つですが、最も重要な目的は、いかに軽量かつ高剛性である構造物を創成するかに尽きます。また、材料力学はエンジニアが設計や製造現場で起きる事象を論理的に解析する有効な道具であり、より良いものづくりに役立つものでなければなりません。このような観点から、材料力学を製品の構造解析において役立つ道具として捉えて、それぞれの理論や公式と製造現場における工学的事象とを密接にリンクさせて、読者にとって本当に役に立つ新しい「材料力学」の教科書を提供したいという思いでこの本を書きました。

　本書の特徴は下記の通りです。

① 材料力学を構造物の剛性を評価する道具として捉える。
　（高剛性かつ軽量な構造物を設計するためにはどのように考えるか）
② 設計や製造現場でエンジニアが直面する事例を例題として取り上げ、道具としての材料力学をいかに活用するか解説する。
　例えば、以下の例題が本文中に出てきます。

- 鉄鋼とアルミニウム合金で同一長さ、同一断面形状（正方形）のはり部材を作る。曲げ剛性を等しくする場合のコスト比を計算せよ。
- 環境問題に対応した車体の軽量化が注目されており、軟鋼から高張力鋼板への材料置換が進んでいる。同一形状の部材を軟鋼と高張力鋼で製造した場合どちらの剛性が高いか？
- 高張力鋼板の曲げ加工における形状凍結性不良（スプリングバック）は軟鋼より大きい。その理由について応力－ひずみ線図から説明せよ。

　著者は加工や接合、そして製造現場における不具合解決など100件以上の共同研究を通じてさまざまなものづくりの現場を見てきました。その経験から、

実学としての材料力学を道具としてうまく使うためには、実例をきちんと示して基礎理論との結びつきを明らかにすることが重要であると考えています。

　余談になりますが、塑性加工や熱処理、溶接など製造に関連する技術は、工業製品の創成にとって重要な役割を占めています。しかし、製品開発の実務を担う設計者達が、自分たちの設計した製品がどのようにして加工され、組み立てられていくか知らないという話を聞いて驚いた経験があります。同様に、材料力学を構造物の剛性を評価するための有効な道具として活用している設計者がどのぐらいいるのかが気になっています。さまざまな基礎工学を道具として活用し、ものづくり全般を広く見据えて（一歩引いて全体を見て）自分たちの製品や技術の位置付けや役割を把握してほしい、そして幅広い素養を持ったエンジニアとして育ってほしいという願いを込めてこの本を書きました。ものづくりに関わるエンジニアの皆様にとって、本書が少しでもお役に立てれば望外の喜びです。

　本書は道具としての材料力学・入門編です。材料力学のすべてをこの本で伝えることは困難でしたので、最も重要な基礎事項に絞って平易に解説しました。物理と数学の基礎知識があれば誰でも理解できると信じています。さらに詳しい解説は別の機会に考えたいと思います。

　本書の企画から発行まで日刊工業新聞社出版局書籍編集部の天野慶悟氏には大変お世話になりました。著者の材料力学に対する思いを書籍として実現することができたのも天野氏のおかげです。厚く御礼申し上げます。最後に、執筆を温かく見守ってくれた家族に感謝します。

2018年3月

西野　創一郎

図解 道具としての材料力学入門

目 次

はじめに……………………………………………………………………………1

力学を思い出してみよう

1-1	質点の力学と剛体の力学とは？……………………………………………10
1-2	力とモーメント……………………………………………………………12
1-3	運動方程式とつり合いの式………………………………………………14
1-4	反力を求めてみよう………………………………………………………16
1-5	静力学の理解度チェック！………………………………………………18

材料力学とはどんな道具なのか

2-1	四力学って何だろう………………………………………………………22
2-2	構造物の剛性とは…………………………………………………………24
2-3	たったこれだけ材料力学の全体像………………………………………26
2-4	材料力学の適用範囲………………………………………………………28
2-5	設計で活用される材料力学………………………………………………30

応力−ひずみ線図からわかること

- 3-1 丸棒を引張ると材料内部に内力が生じる……………………………………34
- 3-2 応力、ひずみとは……………………………………………………………36
- 3-3 引張試験とは応力−ひずみ線図を得るための実験だ………………………38
- 3-4 応力−ひずみ線図をどう見るか①……………………………………………40
- 3-5 応力−ひずみ線図をどう見るか②……………………………………………42
- 3-6 応力−ひずみ線図から何がわかる①…………………………………………44
- 3-7 応力−ひずみ線図から何がわかる②…………………………………………46

材料の変形を理解しよう

- 4-1 引張変形において外力から変形量を求めてみよう①………………………50
- 4-2 引張変形において外力から変形量を求めてみよう②（例題）………………52
- 4-3 変形しづらい設計をするためには「剛性」が重要だ①……………………56
- 4-4 変形しづらい設計をするためには「剛性」が重要だ②（例題）……………58
- 4-5 不静定問題とは何か①…………………………………………………………60
- 4-6 不静定問題とは何か②（例題）…………………………………………………62
- 4-7 熱応力とは何か①………………………………………………………………64
- 4-8 熱応力とは何か②………………………………………………………………66
- 4-9 熱応力とは何か③（例題）………………………………………………………68

5

曲げ変形を理解しよう

5-1	はりの曲げ変形	72
5-2	曲げ変形において知りたいこと	74
5-3	曲げ変形の解析の前にやらなければならないこと（例題）	76
5-4	はりに働くせん断力と曲げモーメント	82
5-5	せん断力図と曲げモーメント図を描いてみよう①	84
5-6	せん断力図と曲げモーメント図を描いてみよう②（例題）	88
5-7	はりの曲げ応力を求めよう①	94
5-8	はりの曲げ応力を求めよう②（例題）	96
5-9	重心の位置と断面二次モーメントを計算してみよう（例題）	98
5-10	曲げ応力を低減させるためには①	100
5-11	曲げ応力を低減させるためには②（例題）	102
5-12	曲げ応力の式を導出してみよう	104
5-13	はりのたわみ量（変形量）を求めよう①	106
5-14	はりのたわみ量（変形量）を求めよう②（例題）	108
5-15	曲げ変形における剛性①	116
5-16	曲げ変形における剛性②（例題）	118
5-17	複雑なはりの問題を簡単に解く方法	120

ねじり変形を理解しよう

- 6-1　ねじり変形とは……………………………………………………130
- 6-2　せん断ひずみの定義とフックの法則……………………………132
- 6-3　ねじり変形におけるせん断応力の求め方………………………134
- 6-4　ねじり変形量を計算してみよう（例題）………………………136
- 6-5　ねじり変形における剛性…………………………………………138

索引……………………………………………………………………………142

力学を
思い出してみよう

1-1 質点の力学と剛体の力学とは?

> **ポイント**
> 1. 質点、剛体とは？　2. 並進運動、回転運動とは？
> 3. 力学と材料力学との関連は？

　ものづくりに関わるエンジニアにとって、力学の修得は必須です。材料力学は文字通り、「材料」と「力学」の知識をベースに作られた学問体系です。特に、力学は物体の運動や力のつり合いについて解析する重要なツールです。工業製品は必ず外力を受けています。その外力によって製品が変形する様子を定量的に解析するために材料力学が用いられます。力学を簡単に復習しましょう。

　みなさんは質点の力学や剛体の力学という言葉をお聞きになったことがあると思います。まずは、「質点」と「剛体」について理解しましょう。質点は、「質量は存在するが大きさの無い物体」、剛体は「質量、大きさは存在するが変形しない物体」です。しかし、世の中に存在する物体はすべて質量、大きさを持っており、外力によって変形します。なぜ、力学では質点や剛体という概念が存在するのでしょうか。

　物体の運動パターンは2種類しかありません。それは「並進運動」と「回転運動」です。物体の運動は、並進および回転運動に対して運動方程式を作って解けば明らかになります。3次元の運動解析において、並進運動ではX方向、Y方向、Z方向の3種類、回転運動ではX軸周り、Y軸周り、Z軸周りの3種類があり、合計6種類の運動方程式を作ることができます。つまり、3次元において物体の運動を解析するためには並進運動で3個、回転運動で3個の合計6個の運動方程式を解けばよいということです。

　回転しない、もしくは回転を考慮しないで、並進運動のみの簡易な解析を行いたい場合はどうすればよいでしょうか。それは物体の大きさを無視することです。大きさが無い質点を仮定することで、物体の回転は無視して並進運動のみを考えることができます。その場合は3次元で3つの運動方程式を解けば終了です。並進運動に加えて回転速度まで考慮して詳細な解析を行いたい場合は、大きさを持った剛体で考えます。その場合は3次元で6つの運動方程式を解きます。力学では、質点、剛体という理想状態を仮定することで簡易な解析から現実の問題に近づけているのです。材料力学では、剛体からより現実に近づけた「変形する物体」について取り扱います。

質点
質量はあるが大きさはない

剛体
質量も大きさもあるが変形しない

変形体
質量も大きさもあり変形する

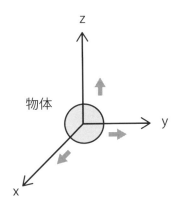
並進運動

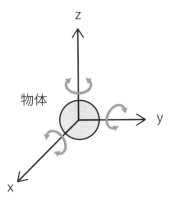
回転運動

運動方程式

$ma = F$
- m：質量
- a：加速度
- F：物体に働く力

$I\beta = M$
- I：慣性モーメント
- β：角加速度
- M：物体に働くモーメント

1-2 力とモーメント

> **ポイント** 1. 力とは？ 2. モーメントとは？
> 3. 力とモーメントの定義と物理量は？

　ドアを開けて部屋の中に入ることを想像してください。ドアは部屋の中に向かって開きます。力を加えてドアを押すと、ドアは開きますが、同じ力でドアを引いても開きません。みなさんは当たり前のことだと感じているでしょうが、力の本質がそこにあります。つまり力は「大きさ」だけではなく「方向」によって定義されます。このような物理量を「ベクトル」と呼びます。力を図示するときには矢印を使いますが、矢印の長さが力の大きさ、矢印の向きが方向を表しています。外力の大きさと向きによって並進運動が決定されます。

　回転運動に関わる「モーメント」を考える際には、シーソーを思い浮かべてください。一定の長さを持った板の中央を回転できるように固定した遊具です。右端に体重の軽い子供、左端に体重の重い大人が座るとシーソーは左回りに回転して左端が下がり地面につきます。右端は持ち上がったままなので、子供は面白くありません。右回りに回転するためにはどうしたらよいでしょうか。大人が回転軸に向かって移動すればよいのです。回転運動には力（体重）だけではなく、回転軸からの距離が関係しています。モーメントは「力×回転軸からの距離」で定義されます。モーメントの物理量もベクトルです。

　モーメントについて身近な例から考えてみましょう。工業製品はさまざまな部品を結合（接合）して組み立てられています。結合方法として代表的な例はボルト締結です。みなさんにはボルトを回転して、締めたり、緩ませたりする経験がありますか。きつく締められたボルトを緩めることは大変な作業です。思いっきり力を加えてもなかなかボルトは緩みません。さらに力を加えると突然緩み、勢いあまって手をケガすることになれば大変です。その際に、ボルトを小さな力で緩める方法を考えてみてください。ボルトを回転させ、緩めるために必要なことは、大きなモーメントを負荷することです。モーメントは力×回転軸からの距離で決定されますから、小さい力で大きなモーメントを負荷するためには回転軸からの距離を増やすことが重要です。右ページを見てください。短いレンチでは大きな力を必要とします。レンチに長いパイプをはめ込み、回転軸からの距離を長くすれば簡単にボルトは緩みます。

力のベクトル { ①大きさ ②向き }

モーメント＝力 × 回転軸からの距離

シーソーのバランス

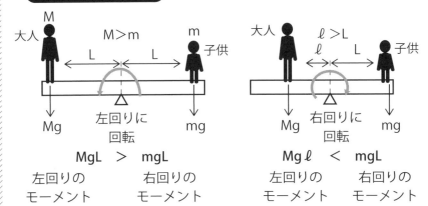

レンチの長さ

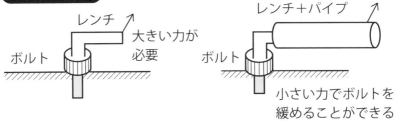

1-3 運動方程式とつり合いの式

ポイント 1. 動力学とは？ 2. 静力学とは？
3. 物体に働く力の求め方は？

　物体の運動を解析するためには並進運動と回転運動の運動方程式を解く必要があります。運動方程式の左項は解析する物体の質量と加速度の積です。右項は物体に外から作用する力とモーメントを表しています。これらの値によって、運動方程式の左項における並進運動の加速度と回転運動の角加速度が決定されます。加速度から速度、そして変位が求まりますので、物体の運動に関する解析を行うことができます。このような物体の運動を扱う力学を「動力学」と呼びます。

　それでは、力とモーメントが0（ゼロ）の場合はどうなるでしょうか。加速度がゼロとなりますので、一定速度で運動しているか、物体が静止している状態のどちらかになります。材料力学で扱う構造体は支持点において拘束されており、静止した物体です。力とモーメントがゼロという意味は、それぞれが物体に対してつり合っている状態を示しています。このような静止した物体における力やモーメントのつり合いについて扱う力学を「静力学」と呼びます。

　力とモーメントについて、右図の構造体で考えてみましょう。1本の長い棒を横に倒して2点で支持します。棒の中央に下向きにFの力が作用しています。この棒がどのように変形するか、そして、棒の各部分に生じる応力やひずみをどのようにして求めるかを考える道具が材料力学です。そのためには、この棒に作用している力をすべて求める必要があります。みなさんはFという力以外に見つけられるでしょうか。もしもこの棒にFという力だけ作用しているとすればこの棒は下方向に移動（運動）します。しかし、棒は静止しているので、上向きの力が存在してFとつり合っているはずです。その力は棒が支持点から受ける反力です。棒が下向きにFという力を受けたら、その棒は支持点から逆方向の上向きに－Fの反力を受けて力のつり合いが成立します。これを「作用、反作用の法則」と呼びます。それぞれの支持点における反力を求めれば、この棒に作用する力がすべて明らかになります。ここで初めて材料力学を使うスタート地点に立つことができます。反力の求め方は次項で説明します。非常に重要なので、よく理解してください。

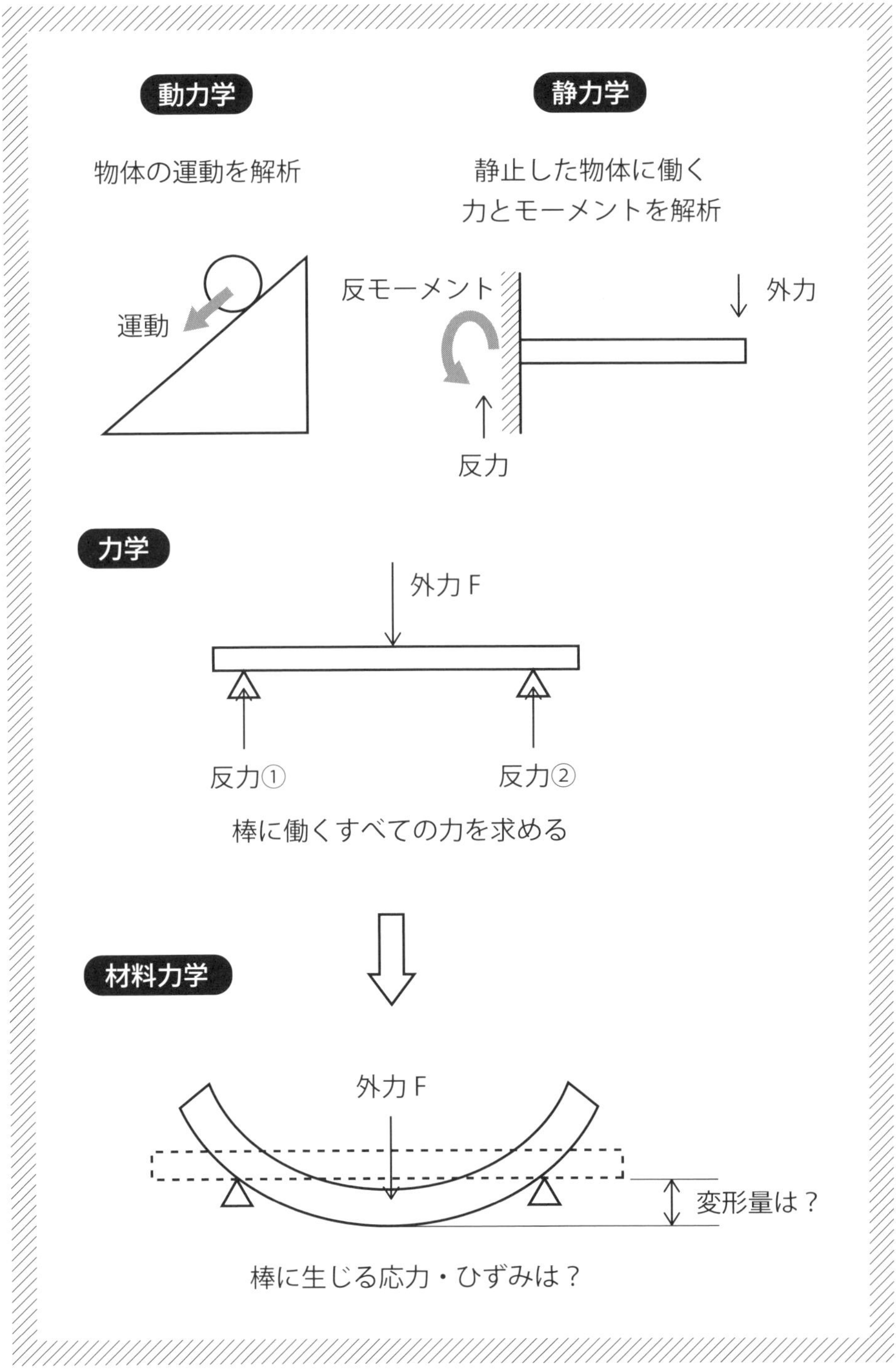

動力学

物体の運動を解析

運動

静力学

静止した物体に働く力とモーメントを解析

反モーメント ↓外力
↑
反力

力学

外力 F

反力① 反力②

棒に働くすべての力を求める

⬇

材料力学

外力 F

変形量は？

棒に生じる応力・ひずみは？

1-4 反力を求めてみよう

ポイント
1. フリーボディ・ダイアグラムとは？
2. 力のつり合いとは？　3. モーメントのつり合いとは？

　前項で述べた例について考えてみます。左右の2点で支持された1本の棒の中央に下向きにFの力が作用しています。それぞれの支持点での反力を求めてみましょう。まず、支持点に働く反力を左からR_1、R_2とします。ここで支持点を取り除いて、R_1、R_2という力を作用させた状態を考えます。これを「フリーボディ・ダイアグラム」と呼びます。この状態で棒は静止しています。これは、並進運動における力、そして回転運動におけるモーメントの両方がつり合っていることを意味しています。力のつり合いの式は以下の通りです。

- 力のつり合い

　　$R_1 + R_2 - F = 0$（上向き：正）　…①

次に、モーメントのつり合いについて考えます。棒の長さをLとします。力Fは両端からL/2の場所に作用しています。この棒の回転運動について考えます。回転軸はどの場所に設定しても構いません。ここでは、回転軸をA点として計算してみます。

- モーメントのつり合い（A点まわり）

　　$F \times (L/2) - R_2 \times L = 0$（右回り：正）　…②

ここで、右回りのモーメントが$F \times (L/2)$、左回りのモーメントが$R_2 \times L$となります。右回りと左回りのモーメントがつり合っているので、この棒は回転せずに静止しています。ここで、R_1は回転運動に寄与しないことに注意してください。モーメントは力×回転軸からの距離で定義されるので、$R_1 \times 0 = 0$となります。例えば、風車の回転軸に対していくら風が当たっても風車は回りません。モーメントがゼロになるからです。回転軸から離れた翼端に風が当たれば、風車は速く回ります。

　式①と式②から支持点での反力が、$R_1 = R_2 = F/2$と求まります。力とモーメントのつり合いを考えることによって、支持点での反力を求めることができます。ちなみに、モーメントのつり合いにおいて、点B、点Cを回転軸として考えた場合も同じ答えが得られます。右図に、その式を示しましたので、みなさんが自分で計算して、確認してみてください。

フリーボディ・ダイアグラム

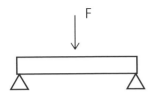
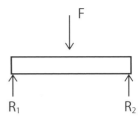

支持点（拘束）を取り除いて
反力 R_1、R_2 を作用させる

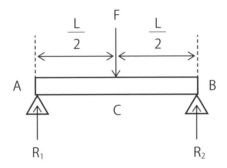

力のつり合い

$R_1 + R_2 - F = 0$ … ①

式①と式②より

$R_1 = R_2 = \dfrac{F}{2}$

モーメントのつり合い

・A 点まわり

　$F \times \dfrac{L}{2} - R_2 \times L = 0$ … ②

・B 点まわり

　$R_1 \times L - F \times \dfrac{L}{2} = 0$

・C 点まわり

　$R_1 \times \dfrac{L}{2} - R_2 \times \dfrac{L}{2} = 0$

1-5 静力学の理解度チェック！

例題1 左右の2点で支持された長さLの棒があります。この棒の左端から距離aのC点にF_1、右端から距離bのD点にF_2の力が下向きに作用しています。支持の反力を求めてください。

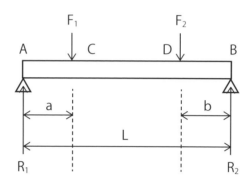

解答 支持点Aにおける反力をR_1、支持点Bにおける反力をR_2とします。
- 力のつり合い　$R_1 + R_2 - F_1 - F_2 = 0$（上向き：正）　…①
- モーメントのつり合い（A点まわり）
  $F_1 \times a + F_2 \times (L - b) - R_2 \times L = 0$（右回り：正）　…②

式①、②より
　$R_1 = \{F_1(L - a) + F_2 b\}/L$
　$R_2 = \{F_1 a + F_2(L - b)\}/L$

例題2 左側を壁に固定された長さLの棒があります。この棒の右端B点にF_1、右端からaの距離のC点にF_2の力が下向きに作用しています。支持点Aの反力、反モーメントを求めてください。

解答 支持点Aにおける反力をR、反モーメントをMとします。
- 力のつり合い　$R - F_1 - F_2 = 0$（上向き：正）　…①
- モーメントのつり合い（A点まわり）
  $F_1 \times L + F_2 \times (L - a) - M = 0$（右向き：正）　…②

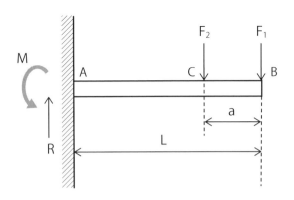

式①、②より

　$R = F_1 + F_2$

　$M = F_1 L + F_2 (L - a)$

例題3 下図のように両側を頑丈な壁に固定された長さLの棒の左端から距離aの位置に右向きに力Fを負荷します。棒が壁から受ける反力R_AとR_Bを求めてください。

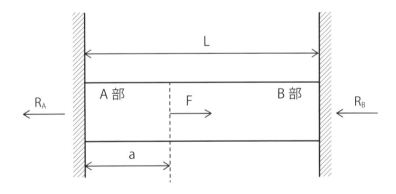

解答 棒全体に働く力は外力Fと反力R_A、R_Bなので力のつり合いの式は、$R_A + R_B = F$となります。求めなければならない未知数はR_AとR_Bで2個ありますが、力学の知識で得ることができる式の数は1個です。これではR_AとR_Bを求めることはできません。条件式がもう一つ必要です。もう一つの式については、材料力学を使って、棒のA部とB部の変形を考えてはじめて得ることができます。後ほど解説します。

第1章のまとめ

- 質点は質量が存在するが大きさの無い物体
- 剛体は質量、大きさが存在するが変形しない物体
- 物体の運動パターンは2種類　→　並進運動と回転運動
- 力学では質点、剛体という理想状態を仮定することで簡易な解析を行う
- 材料力学では変形する物体を扱う
- 力はベクトルである　→　大きさと向きが重要
- 回転運動に関わるモーメントは、力×回転軸からの距離
- 動力学は物体の並進運動と回転運動を扱う力学
- 静力学は静止した物体における力やモーメントのつり合いについて扱う力学
- 反力と反モーメントの求め方
    ① 力のつり合い
    ② モーメントのつり合い

第 2 章

材料力学とは
どんな道具か

2-1 四力学って何だろう

ポイント
1. 四力学とは？　2. それぞれの力学の目的は？
3. 四力学は設計でどのように役立つのか？

　機械工学には、力学のファミリーとして4つの力学があります。それは「材料力学」「機械力学」「流体力学」「熱力学」です。材料力学は固体材料の変形や剛性を解析する学問、機械力学は物体に働く力を計算してその運動や振動の制御を解析する学問、流体力学は自由に変形する流体の運動を解析する学問、そして熱力学はエネルギーや熱の状態変化、移動や伝わり方を解析する学問です。

　『機械工学便覧』（日本機械学会編、丸善、2007年）には下記のように定義されています。

- 材料力学：材料の変形特性や強度などの性質を調べる学問である。もっと詳しくいえば、機械や構造物に加わる外力が各構成部材にいかなる作用を及ぼすか、特に部材の各部分にはどのような力や変形が生じるかを、理論と実験の両面から調べる学問分野である。
- 機械力学：機械の機構と構造に現れる力学現象、すなわち機械における力と運動の関係を扱う学問である。おもな内容は機械の駆動系と運動状態の安定性、機械の振動（耐震設計、振動制御を含む）などに関わる諸問題である。
- 流体工学：流れに関する学問と、管路・噴流・翼列など実際の流体機械に関わる技術的・工学知識の体系をいう。歴史的には水路・管路・水力機械に現れる現象を扱う経験的色彩の濃い水力学と、流体の運動を数理物理学的に解析する理論的色彩の濃い流体力学、およびその応用に大別される。
- 熱工学：熱に関する学問と熱関連機械に関わる技術的・工学的知識の体系をいう。熱工学で扱われる分野は熱力学を中心として、熱物性・伝熱・燃焼・エネルギー変換などを含む。

　世の中の工業製品を設計、製造するためにはこの四力学が必要です。例えば、自動車が走るためのエンジンには熱力学が、走行中の車体周りの空気の抵抗の計算には流体力学が、走行中の振動制御には機械力学が、そして、さまざまな部品を支える車体構造の設計では材料力学がそれぞれ使われています。四力学はものづくりの基本であり、エンジニアが製品を設計する際には、必要不可欠な理論であり有用な道具なのです。

機械工学の四力学

材料力学

さまざまな部品に働く
力と変形を調べる

→ 十分な剛性と強度を持つ
　車体を設計する

機械力学

走行中の運動や
振動を調べる

→ 安全に走行できる
　車を作る

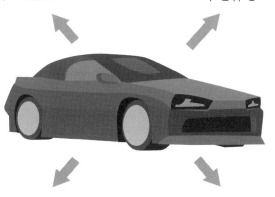

流体力学

車体周りの空気の流れと
抵抗を調べる

→ 空気抵抗を減らして
　燃費を向上させる

熱力学

エンジン内の熱の発生や
伝わり方を調べる

→ 効率の良い
　エンジンを開発する

2-2 構造物の剛性とは

ポイント
1. 材料力学を学ぶ目的は？　2. 剛性とは？
3. 構造部材の剛性を高めるための方法は？

　材料力学は「構造部材の剛性を解析する道具」です。構造部材に外力が負荷されると変形します。外力（荷重）をF、構造部材の変形量をXとすると、材料の弾性域では次の式が成り立ちます。

　$F = kX$ …①

　荷重と変形量の間には線形関係が成立しており、式①における定数kが構造部材の剛性を表しています。力学で習ったバネの公式を思い出してください。バネに外力Fを負荷したときのバネの伸び量（変形量）をXとすると式①と同様の関係が成り立ちます。kはバネ定数と定義され、構造物の剛性に相当します。高剛性の構造部材ではkの値が大きいので、外力Fに対して変形量Xが小さくなります。一方、剛性が小さい構造部材では小さな荷重が負荷されても、大きく変形してしまいます。設計者は外力に対して変形の小さい高剛性を有する構造部材を設計するように心がけなければなりません。

　ここで注意しなければならないことは、式①が成り立つのは、材料の変形が弾性域内であることです。次章で詳しく解説しますが、金属材料に外力を加えて変形させていくと、荷重が小さい領域では式①が成立しますが、ある荷重を超えると式①の線形関係が崩れます。この領域を塑性域と呼び、構造部材から外力を取り除いても元の形に戻りません。なお、弾性範囲内であれば外力を取り除いたら元の形に戻ります。材料力学で扱う「剛性」とは、構造部材の構成材料における弾性域での概念になります。この点は非常に重要なので覚えておいてください。

　例として自動車では環境問題のニーズから軽量化が求められており、いかに少ない材料で変形しづらい、つまり十分な剛性を確保するための設計指標が必要となります。軽量化を実現するためには主に使用する材料からのアプローチ（材料置換）と形状からのアプローチ（部品形状の最適化）があります。軽量化と高剛性の両立を実現するためには、設計者における材料力学の知見の有無が鍵となります。

部品剛性

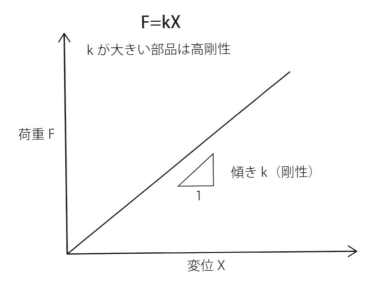

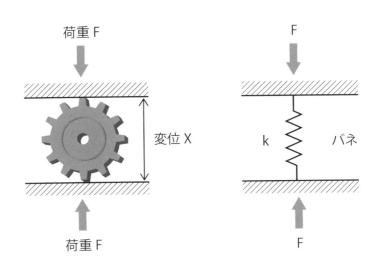

2-3 たったこれだけ材料力学の全体像

ポイント
1. 材料力学とは？　2. 材料力学で用いる3つの式は？
3. 剛性の式はどのようにして求めるか？

　材料力学の全体像は右図に示す通りです。この図は非常に重要なので、何度も見返すようにしてください。材料力学とは「あらゆる変形形態における構造部材の剛性を調べる道具」です。前項で述べたように設計者が高剛性の構造部材を作り出すための道具です。

　変形形態については基本的に引張・圧縮、曲げ、ねじりの3パターンしかありません。複雑な負荷による変形もこの3パターンの組み合わせとして考えることができます。言い換えれば、引張・圧縮変形、曲げ変形、ねじり変形について考えれば、構造部材の剛性についてすべて解析することができます。すなわち、材料力学で扱う剛性とは、引張・圧縮変形に関する剛性、曲げ変形に関する剛性、そしてねじり変形に関する剛性の3つになります。

　右図の外力（曲げおよびねじり変形ではモーメント）と構造部材の変形量（距離や角度）の関係が剛性になります。つまり外力に対する変形量を求めることができれば構造部材の剛性を評価することができます。その計算過程では3つの式が必要になります。まず外力によって構造部材に生じる応力を計算し、次に応力からひずみを、最後にひずみから構造部材の変形量を求めます。外力と応力の関係は、外力と内力の力のつり合いに相当します。構造部材に外力が負荷されると、作用・反作用の法則から部材内部に内力が生じます。後述しますが、応力とは単位面積当たりの内力を表しています。応力とひずみの関係は構造部材の構成材料の機械的性質によって決定されます。つまり素材の応力－ひずみ線図から求められた関係式です。これを材料の「構成方程式」または「構成式」と呼びます。ひずみと変形量の関係は、ひずみの適合条件と呼ばれており、部材内部の変形量の総和と部材全体の変形量が等しいことを表しています。いわば、変形におけるつり合い条件と考えてください。

　この3つの式を組み合わせれば、外力と変形量の関係式が得られます。その関係式は外力をF、変形量をX、そして剛性をkとすると「$F = kX$」という形で表すことができます。ここで得られた剛性kの式から、どのパラメータを変化させれば効率良く剛性を高めることができるかがわかります。

材料力学とは？

あらゆる変形形態における構造部材の剛性を調べる学問

【変形形態】
○引張・圧縮
○曲げ
○ねじり

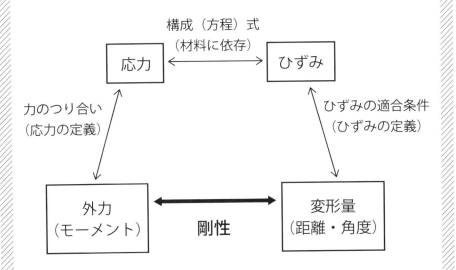

2-4 材料力学の適用範囲

ポイント 1. 材料力学の適用範囲は？ 2. 変形と破壊とは？
3. 変形と破壊を解析する学問は？

　材料力学は構造部材の設計において万能な道具でしょうか。実は、そうではありません。どのような学問や理論においても適用範囲が存在します。2-2項で述べたように、材料力学は「材料の変形が弾性域内である（弾性変形）」という条件の下に成り立っています。外力が大きく、構造部材において負荷を取り除いても元の形に戻らない塑性変形が生じた場合は、材料力学を適用することはできません。ここが重要なポイントです。

　右図に材料の変形や破壊を扱う学問の適用範囲を整理しました。構造部材に外力を負荷してその荷重を増やしていく場合を考えてみてください。負荷が小さければ部材は弾性変形しますが、負荷が大きくなると塑性変形が生じます。さらに負荷を増やしていくと、部材にき裂が生じて、そのき裂が進展して破壊に至ります。この、弾性変形 → 塑性変形 → 破壊（き裂の発生と進展）というそれぞれのプロセスにおいて解析する道具が異なります。

　弾性変形を解析する学問が「材料力学」であり、「弾性力学」または「弾性論」とも呼ばれます。塑性変形を解析する学問が「塑性力学」または「塑性論」と呼ばれます。破壊を解析する学問は「破壊力学」と呼ばれ、主に部材で発生したき裂の進展挙動について扱います。ここで注意しなければならないのは、変形と破壊は本質的にまったく異なる現象であるという点です。変形の解析では材料が連続体として扱われますが、破壊の解析では部材の内部にき裂という空間が生じており材料が不連続な状態で解析が進められます。つまり、破壊力学は部材の内部に生じたき裂という空間がどのような荷重条件で進展していくのか考える学問ですから変形を扱う材料力学や塑性力学とは本質的に異なります。

　私も経験があるのですが、みなさんが材料の変形や破壊について考えるときに書店へ参考資料を探しにいくとさまざまな本が書棚に並んでおり選定に困ったことはないでしょうか。「弾塑性力学」や「弾塑性論」は弾性変形と塑性変形に関する2つの理論を説明したもの、「材料強度学」は塑性変形と破壊について解説したもの、「固体力学」は変形と破壊の理論をすべて網羅したものをそれぞれ意味しています。

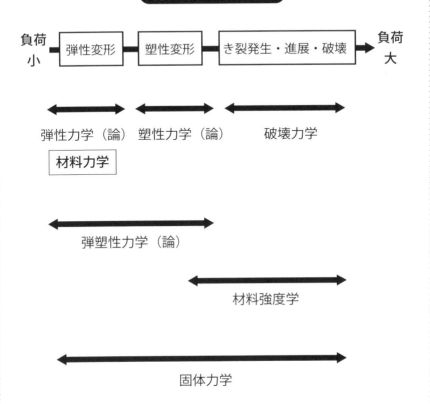
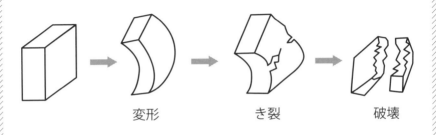

第 2 章　材料力学とはどんな道具か

2-5 設計で活用される材料力学

> **ポイント** 1. 材料力学は「棒の力学」 2. 材料力学を修得するメリット
> 3. 計測にも役立つ材料力学

　極論になるかもしれませんが、材料力学は1本の棒に働く力によって棒の変形を解析する「棒の力学」です。現実の構造部材は複雑な形状で、材料力学で正確な答えが得ることが困難な場合もあります。しかし、剛性を支配するパラメータについては棒の力学で得られた基礎式で解析することができます。どのパラメータを変化させれば剛性を高めることができるか、例えば、剛性が一定で重さが最小の部材を設計するための材料選定についても検討することができます。材料力学は設計者があらゆる構造部材の剛性や強度を解析するために有効な理論ツールです。

　複雑な構造部材の変形挙動については、コンピュータを用いたシミュレーション技術（Computer Aided Engineering：CAE）を活用すれば、簡単に答えを得ることができます。しかし、コンピュータから出力された結果の検討や解析する際のモデル化において材料力学の知識が必要となります。材料力学を修得するメリットは以下の通りです。

①経験則の論理的根拠を理解することによって応用が効く
②簡易にモデル化して剛性や強度を比較および予測することが可能
③シミュレーションにおけるモデル化および結果検討

　材料力学は、応力やひずみの計測においても役に立ちます。右の写真はレーシングカー（学生の自作）のサスペンション部品にひずみゲージを貼って、走行中に部品にどのくらいのひずみが発生するか計測している様子です。ひずみを計測して、材料力学におけるフックの法則を用いて応力に換算します。ひずみゲージ法は、部品表面のひずみを簡易に計測する有効な手法として広く活用されています。実際の部品はさまざまな方向から力を受けるので、いろいろな方向に何枚ものひずみゲージを貼って計測を行います。このような計測技術やそれによって得られた結果をシミュレーション技術と結びつける際にも材料力学が有効な道具として用いられます。設計者は、実験データとシミュレーション結果を照らし合わせながら、十分な剛性や強度を確保しながら、軽量化を進めていく必要があります。

ひずみゲージの利用

車輪側

ひずみゲージ

車体側

第2章のまとめ

- 機械工学における四力学
    - 材料力学 → 固体材料の変形や剛性を解析する学問
    - 機械力学 → 物体に働く力を計算して運動や振動の制御を解析する学問
    - 流体力学 → 自由に変形する流体の運動を解析する学問
    - 熱力学 → エネルギーや熱の状態変化、移動や伝わり方を解析する学問
- 構造部材に働く外力（荷重）をF、構造部材の変形量をXとすると、材料の弾性域ではF＝kXの式が成り立つ。バネ定数kが構造部材の剛性である。
- 材料力学とはあらゆる変形形態における構造部材の剛性を調べる道具
- 変形形態は引張・圧縮、曲げ、ねじりの3パターン
- 基本式は3つ
    - 外力と応力の関係（力のつり合い）
    - 応力とひずみの関係（応力－ひずみ線図）
    - ひずみと変形量の関係（ひずみの適合条件：変形のつり合い）
- 材料力学は材料の変形が弾性域内である（弾性変形）という条件の下に成り立っている
- 道具としての学問は適用範囲が重要
    - 材料力学・・・弾性変形
    - 塑性力学・・・塑性変形
    - 破壊力学・・・き裂の進展
- 材料力学を修得するメリット
    - 経験則の論理的根拠を理解することによって応用が効く
    - 容易にモデル化して剛性と強度を比較し予測することが可能
    - シミュレーションにおけるモデル化および結果検討

応力−ひずみ線図から
わかること

3-1 丸棒を引張ると材料内部に内力が生じる

> **ポイント**
> 1. 材料力学で使う3つの式とは？ 2. 垂直応力とは？
> 3. せん断応力応力とは？

2-3項に示した材料力学の全体像をもう一度確認してください。復習ですが、構造部材の外力と変形量の関係（剛性）を求めたいときは3つの式を使います。外力と応力の関係式は力のつり合い、ひずみと変形量の関係は変形のつり合いによって決まります。これらの式は力学の知識から導かれる理論式です。一方で応力とひずみの関係は引張試験によって求まる実験式です。応力－ひずみ線図は材料の種類や温度などによって異なる挙動を示します。応力－ひずみ線図は構造部材の剛性を求めるためには必要不可欠なデータです。材料力学を理解するためにはその名の通り「材料」（応力－ひずみ線図）と「力学」（変形の基礎式）の両方の知識が必要となります。

右図のように丸棒をFの力で引張る場合を考えます。丸棒内部のA面（丸棒の長手方向に対して垂直で断面積はSとします）にはA面に垂直方向に内力Fが生じます。このFをA面の面積Sで割ったものが応力です。つまり単位面積当たりの力を示します（圧力と同じ単位です）。一方で、丸棒の長手方向から角度θ傾いたA'面（断面積S'とします）を考えてみましょう。内力FはA'面に対して垂直な成分（F_1）と平行な成分（F_2）に分解することができます。つまり、応力は考えている面に対して垂直方向と水平方向の2種類存在することがわかります。面に対して垂直方向に作用する応力を「垂直応力」、平行方向に作用する応力を「せん断応力」と呼びます。一般に、垂直応力はギリシャ文字でσ、せん断応力はτと表示されます。右図（a）では垂直応力は$\sigma = F/S$、せん断応力$\tau = 0$（存在しません）、右図（b）では垂直応力$\sigma = F_1/S'$、せん断応力$\tau = F_2/S'$となります。

応力と同様に、ひずみに関しても面に対して垂直方向（垂直ひずみ）と平行方向（せん断ひずみ）の2種類が存在します。一般に、垂直ひずみはギリシャ文字でε、せん断ひずみはγと表示されます。

構造部材で生じる応力とひずみは面に対して垂直方向と平行方向の2種類あること、そして注目する面によって応力とひずみの値は異なることを覚えておいてください。

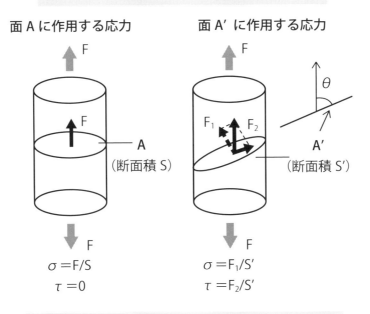

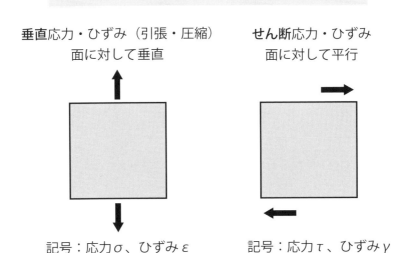

3-2 応力、ひずみとは

> **ポイント** 1. 垂直応力とせん断応力は面によって変わる？
> 2. 垂直ひずみとは？ 3. せん断ひずみとは？

　前項で説明した丸棒の引張りについてさらに詳しく考えてみましょう。丸棒の長手方向から角度θ傾いたA'面の面積をS'、長手方向に対して垂直である面Aの面積をSとするとS'$\sin\theta$ = Sの関係が成り立ちます。また、A'面に働く力Fは、垂直方向にF$\sin\theta$、平行方向にF$\cos\theta$と分解することができます。これらの力を断面積S'で割れば、垂直応力σとせん断応力τを求めることができます。それぞれの式は右図の通りです。ここでせん断応力の式に注目してください。$\sin\theta\cos\theta$という項があります。この式を倍角の公式を使って変形することがポイントです。これで垂直応力σとせん断応力τの一般式を求めることができました。

　ここでみなさんに次の問題を考えていただきます。垂直応力およびせん断応力が最大になる面はどの角度に存在するでしょうか。応力の式を眺めながらじっくり考えてみてください。それぞれの式におけるF/Sは一定の値です。垂直応力における$\sin^2\theta$、せん断応力における$\sin2\theta$に注目してください。垂直応力はθ = 90°、せん断応力は2θ = 90°（θ = 45°）のとき、それぞれの応力の値が最大になります。特にせん断応力は面に対して平行方向に作用して面をずらそうとするので引張方向に対して45°が最大となります。余談ですが、塑性変形は弾性変形と異なり、結晶面でのすべりに起因します。したがって、金属材料を引張った場合には、引張方向に対して45°にすべり面を持つ結晶粒から塑性変形が開始します。

　ひずみの定義は右図の通りです。垂直ひずみεは伸びた長さX = L' − Lを元の長さLで割ったもの、せん断ひずみγは面に対して平行な力による面のずれ量（X）を面間隔Lで割ったもので、それぞれ定義されます。ひずみは長さを長さで割るので無次元になります。ここで釣竿の変形を考えてみましょう。釣竿は大きくしなり変形量が大きいのですが、塑性変形することは無く、必ず元の形状に戻ります。釣竿の変形量は大きいのですが、その長さも大きいためにひずみ量は弾性範囲内の値になるからです。ひずみは変形量を元の形状（例えば長さ）で割って求められることが重要です。

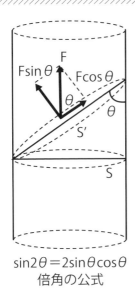

$$\sigma = \frac{F\sin\theta}{S'}$$

$$S'\sin\theta = S$$

$$S' = \frac{S}{\sin\theta}$$

$$\underline{\sigma = (F/S)\sin^2\theta}$$

$$\tau = \frac{F\sin\theta}{S'}$$
$$= (F/S)\sin\theta\cos\theta$$
$$\underline{= (F/2S)\sin 2\theta}$$

$\sin 2\theta = 2\sin\theta\cos\theta$
倍角の公式

ひずみについて
（変形量）÷（変形前の寸法）

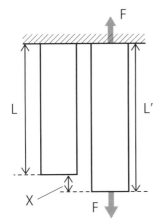

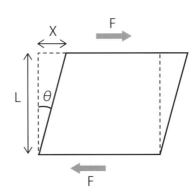

垂直（引張）ひずみ
$\varepsilon = (L-L')/L$
$= X/L$

せん断ひずみ
$\gamma = X/L$
$= \tan\theta$
$\fallingdotseq \theta$（ひずみが小さいとき）

第 3 章 応力−ひずみ線図からわかること

3-3 引張試験とは応力―ひずみ線図を得るための実験だ

ポイント　1. 引張試験とは？　2. 引張試験片の形状は？
3. 引張試験での注意点は？

　応力－ひずみ線図は「引張試験」によってデータを得ることができます。引張試験とは、材料を試験機によって破壊するまで引張る実験です。試験の際に負荷された荷重と伸びた量（変形量）を計測することで、応力－ひずみ線図が得られます。ただし、どのような形状でもただ引張ればよいというわけではありません。データを求めたい材料を規定の形状に加工して試験片を作成します。日本ではJIS規格（日本工業規格）に準じた試験片形状で引張試験を行うことが定められています。右図のJIS5号試験片形状（板材の場合）を見てください。中央平行部の板幅が端部に比べて小さくなっています。ただの長方形の板材を引張ると試験片のつかみ部から破断する場合があります。この影響を無くすために、試験片の中央部の板幅を減らしてくびれた形状に加工します。この試験片を引張ると、くびれた部分（長さLの部分）に変形が集中します。ひずみ量を計算する場合はこの部分の変形量を伸び計によって計測して（右の写真参照）、元の長さLで割ります。荷重は試験機に内蔵されているロードセルという検出器で計測されます。その荷重を試験片の断面積（右図の場合は板厚×中央部板幅W）で割れば応力を求めることができます。

　引張試験の際に注意しなければならない点は、まず試験片の加工部分を研磨することです。特に変形が集中する平行部ではワイヤーカットなどによる加工変質層を研磨によって除去しなければなりません。引張試験を行ったときに平行部以外の箇所で破断した場合は正しいデータでは無いので再度試験を実施してください。

　板材の場合は圧延加工による異方性に注意してください。引張試験を行うときは、元の板材から圧延方向に対して0°、45°そして90°方向から試験片を切り出して引張試験を行い、それぞれの応力－ひずみ線図の相違（異方性）をチェックします。また、一つの方向に対して複数の試験片を採取して引張試験を行い、機械的性質のばらつきを調べることも重要です。応力－ひずみ線図は構造部材の剛性や強度だけではなく、部材を製作（プレス加工）するときの成形性や加工精度にも関係するので慎重に実験することが重要です。

JIS 5 号試験片

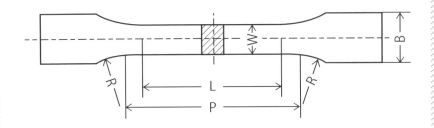

標点距離	L＝50mm
平行部の長さ	P＝約 60mm
幅	W＝25mm
肩部の半径	R＝15mm 以上

引張試験の様子

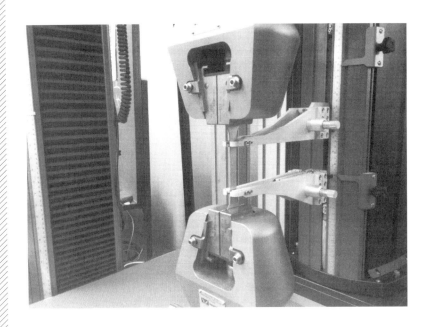

3-4 応力−ひずみ線図をどう見るか①

> **ポイント** 1. 弾性域と塑性域とは？ 2. フックの法則とは？
> 3. 応力−ひずみ線図からわかる材料特性は？

　右図に一般的な応力−ひずみ線図を示します。試験片を引張るとab間において応力とひずみに式①に示す線形関係が認められます。ab間で荷重を除荷した場合はひずみ0（ゼロ）に戻ります。すなわち、引張る前の長さに戻ります。この領域が弾性域です。式①をフックの法則と呼びます。

$$\sigma = E\varepsilon \quad \cdots ①$$

　ここでEは「弾性率」または「ヤング率」と呼ばれ、材料固有の定数です。弾性率が大きい材料は直線abの傾きが大きいことを示し、負荷される荷重に対して変形量（伸び量）が少ないことを表しています。材料力学では材料の弾性域で解析を行うため、応力とひずみの関係式はフックの法則を用います。

　さらに荷重を大きくして引張っていくと一定応力（ひずみ）において応力とひずみの線形関係は崩れます。すなわち、負荷する荷重に対して変形量が大きくなります（bcd間）。この領域が塑性域であり、塑性変形が開始する応力（b点）を「降伏応力」と呼びます。さらに荷重を大きくしていくとd点で最大の応力となり、その後は変形している試験片の平行部で板幅や板厚が減少する「くびれ現象」が起こります。応力は、くびれる前の断面積で計算されていますので見かけ上、荷重の減少とともに応力の値が減っていき、最後は破断します。d点の応力を「引張強さ」または「最大引張強さ」と呼びます。また、材料が破断するときのひずみ量（ah間）を「破断ひずみ」と呼びます。

　c点で荷重を除荷する場合を考えてみましょう。この場合、応力−ひずみ線図においてb点を経由してa点に戻ることはありません。図に示す通り、c点から除荷した場合はf点まで戻ります。直線cfの傾きは直線abの傾き（弾性率Eに相当します）と同じです。したがって、降伏応力を超えて引張った場合は、除荷しても元の形には戻らず、af間のひずみが残留します。このひずみを「塑性ひずみ」と呼びます。除荷によって減少したfg間のひずみを「弾性ひずみ」と呼びます。すなわち、点cまで引張った場合のひずみ（全ひずみ）は弾性ひずみと塑性ひずみの和であり、荷重を除荷すると弾性ひずみの分だけ変形が戻ります。これを「弾性回復（スプリングバック）」と呼びます。

応力－ひずみ線図

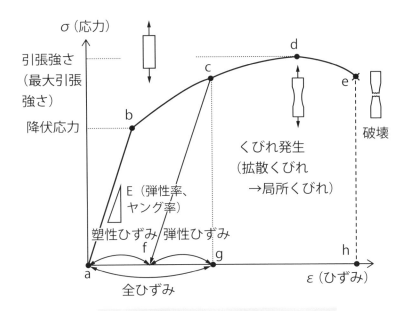

ab 間：弾性変形
be 間：弾性変形
　　　塑性変形
点 d：くびれ（ネッキング）発生
点 e：破壊

点 c において
全ひずみ＝弾性ひずみ＋塑性ひずみ

点 c→点 f：除荷
弾性ひずみ：消滅
塑性ひずみ：残留

第 3 章　応力－ひずみ線図からわかること

3-5 応力－ひずみ線図をどう見るか②

ポイント 1. 設計の際に注意する点は？　2. 加工硬化とは？
3. 塑性加工とは？

　応力－ひずみ線図から得られる材料のパラメータは弾性率、降伏応力、引張強さ、破断ひずみです。弾性率は材料力学において必須のパラメータです。降伏応力は塑性変形の開始点を示しており、設計上非常に重要な材料パラメータです。塑性変形が開始するということは、荷重を除荷しても元の形状に戻らないことを意味します。設計者はまず、外力に対して構造部材のすべての箇所において降伏応力を超えないように考慮しないといけません。設計する際には引張強さではなく降伏応力が重要です。一方で、材料に降伏応力を超える荷重を加えて塑性変形を利用して製品の形を作っていく「塑性加工」という技術があります。自動車の車体やドアなどはプレス機械と金型を用いて金属板に大きな力を加えることで所定の製品形状に成形されます。

　右図の引張試験における応力－ひずみ線図において、降伏応力を越えて塑性域まで試験片を引張ります（c点）。その後、除荷すると塑性ひずみ（af間）が残留して試験片は伸びた状態に形を変えます。これが塑性加工の原理です。その後、同じ試験片をf点から再度引張ると、除荷時と同じcf線に沿って応力とひずみは増加していきます。そしてc点において降伏現象が起こります。すなわち、塑性変形が起こる前よりも降伏応力が高くなります。これを「加工硬化」と呼びます。塑性加工によって成形された部品は元の材料よりも降伏応力が高く、硬い材料に変質します。これは、塑性加工の最大の長所です。実際の塑性加工工程は単純な引張とは異なり、さまざまな方向から荷重を受けるので、製品の場所によって生じる塑性ひずみの量は異なります。塑性加工によって製造された製品は、場所によって異なった降伏応力を持っています。

　破断ひずみは塑性加工における成形性の指標になります。よく伸びる材料は塑性域における変形能力が大きく、大きなひずみを与えて複雑な形状に加工することができます。右図で塑性変形を受けた試験片を再度引張るとc点で降伏して元の材料の応力－ひずみ線図に沿ってe点で破断します。その際の破断ひずみはfh間のひずみに相当し、元の材料よりも減ります。塑性加工製品は加工硬化によって硬くなりますが破断ひずみが小さくなることに注意してください。

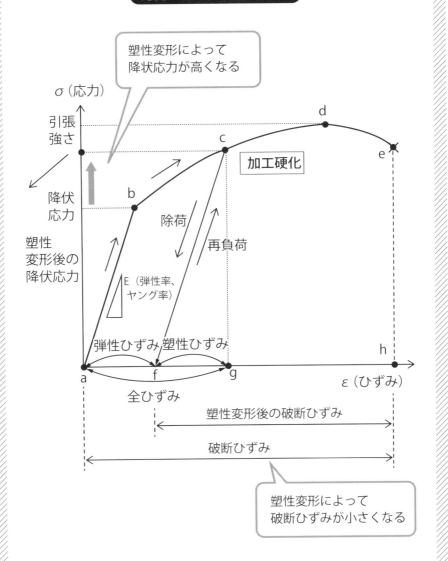

第3章 応力-ひずみ線図からわかること

3-6 応力－ひずみ線図から何がわかる①

> **ポイント**
> 1. 軟鋼とハイテンの違いは？ 2. 剛性と強度の違いは？
> 3. 自動車におけるハイテン化の理由は？

　応力－ひずみ線図を理解することは、設計だけではなく加工においてもさまざまな現象を解析する際に役立ちます。実例を挙げて説明します。
　「自動車車体の材料を軟鋼から高張力鋼に置換したら剛性は高くなる？」
　環境問題に対応した軽量化のニーズから自動車業界ではさまざまな部品の構成材料が軟鋼から高張力鋼（High Tensile Strength Steel：ハイテンと呼ぶ）に置換されています。このことについて応力－ひずみ線図から考えてみましょう。
　右図に軟鋼とハイテンの応力－ひずみ線図を示します。一般に、ハイテンでは降伏応力と引張強さが軟鋼より大きく、破断ひずみは小さくなります。重要なのは弾性率です。強度が異なっていても軟鋼とハイテンの弾性率は同じです。次章で述べますが、構造部材の剛性は形状と材料のパラメータで決まります。ここで材料のパラメータは弾性率です。すなわち、形状が同じであれば、軟鋼をハイテンに置換しても自動車車体の剛性は等しいということになります。ただし、車体の強度は高くなります。剛性は材料の弾性域における弾性率で、強度は材料への負荷が降伏応力を超えて塑性変形が進んだ後の引張強さで決定されます。「剛性」と「強度」は異なる概念であることを理解してください。
　例えば、軟鋼から2倍の強度のハイテンに置換して、部品の断面積を半分にしたとします。当然50％の軽量化が実現されたということになりますが、剛性は逆に低下してしまいます。自動車車体のハイテン化は衝突安全性と大きく関連しています。近年、各国の衝突安全基準（法規）は厳しくなりつつあります。自動車が衝突したときの吸収エネルギーを増やしたいというニーズに対応して軟鋼からハイテンへの置換が進んでいます。同じひずみを受けたときに軟鋼よりハイテンの方がより大きなエネルギーを吸収することができます。つまり、軟鋼で大きな吸収エネルギーを稼ごうとすると、板厚を増やす必要があり、過度な剛性（オーバークオリティ）なってしまうので、ハイテンを使用することで板厚を過度に増やすことを避けて軽量化しているということです。

応力ーひずみ線図を理解しよう

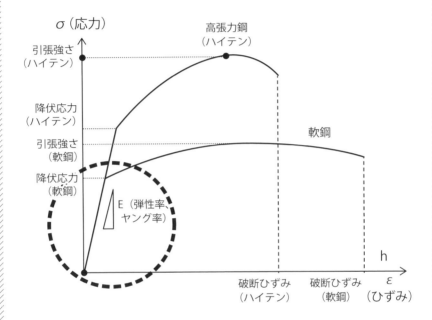

- 弾性域における
  E（弾性率）は同じ

→ **剛性は等しい**

- 塑性域における
  降伏応力、引張強さ、破断ひずみは異なる

3-7 応力-ひずみ線図から何がわかる②

ポイント
1. 形状凍結性とは？　2. 軟鋼とハイテンのスプリングバックは？
3. 応力-ひずみ線図から何がわかるのか？

「軟鋼からハイテンに置換すると塑性加工における形状凍結性が低下する？」
次に部品の塑性加工における形状凍結性について考えてみましょう。右図は同じ金型で塑性加工を施された部品です。軟鋼に比べてハイテンは曲げ部で角度が開いており、形状凍結性が低下しています。この理由を応力-ひずみ線図から考えてみましょう。

図（a）は軟鋼とハイテンの応力-ひずみ線図です。塑性加工によって一定量のひずみ（af間）を受けます。その際の応力はハイテンではb点、軟鋼ではc点となります。そこから除荷すると、ハイテンではd点、軟鋼ではe点までひずみが少なくなります。3-4項でも述べましたが、この現象が、弾性回復（スプリングバック）です。実際はaf間のひずみが与えられているのですが、ハイテンではdf間、軟鋼ではef間のひずみ量だけ元の長さに戻ります。つまり、プレス機械と金型を用いて板材に負荷を加えて所定の形状に成形した後に除荷すると、このスプリングバックに相当するひずみ量だけ元の形状に戻ってしまいます。ハイテンと軟鋼の弾性率は同じなので、応力がより高いハイテンにおいて軟鋼よりもスプリングバック量は大きくなります。これが、軟鋼からハイテンに置換すると形状凍結性が低下する原因です。

図（b）は同様の強度で弾性率の異なる材料の応力-ひずみ線図です。一定量のひずみ（ae間）を与えたときの応力（b点）は同じですが、弾性率が低い材料Bが材料Aよりもスプリングバック量は大きくなります（ce＞ae）。例えば、アルミニウム合金は鉄鋼材料に比べて弾性率が低く、塑性加工のスプリングバック量が大きく、同様の強度の鉄鋼に比べて形状凍結性が悪くなります。

図（c）はハイテンとアルミニウム合金の応力-ひずみ線図です。一定量のひずみ（ae間）を与えたときの応力はアルミニウム合金（c点）よりもハイテン（b点）の方が高いのですが、弾性率はハイテンよりアルミニウム合金の方が低いため、結果としてスプリングバック量が等しくなります。異なる材料でも同じ金型、工程設定で同様の形状凍結性が得られるという興味深い例です。応力-ひずみ線図で塑性加工における形状凍結性を解析することができます。

軟鋼

形状不良

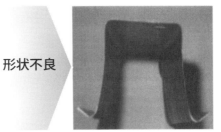
ハイテン

図(a)

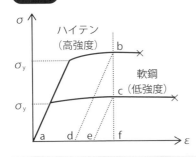

引張強さ、降伏応力　ハイテン＞軟鋼

高強度
→スプリングバック大

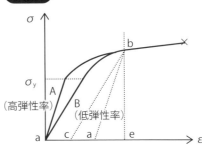

弾性率 A＞B

弾性率小
→スプリングバック大

図(c)

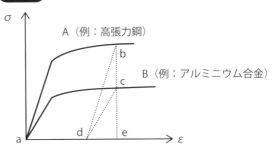

引張強度と弾性率の関係から
スプリングバック量が等しくなる場合

第3章　応力−ひずみ線図からわかること

第3章のまとめ

- 材料力学を理解するためには、材料(応力－ひずみ線図)と力学(変形の基礎式)の両方の知識が必要
- 応力・ひずみは考えている面に対して垂直方向と水平方向の2種類存在する
    - 面に対して垂直方向に作用 → 垂直応力・垂直ひずみ
    - 面に対して平行方向に作用 → せん断応力・せん断ひずみ
- 垂直応力とせん断応力は扱う面によって異なる
- 応力－ひずみ線図を求めるには引張試験を行う
- 引張試験片は決まった形状に加工する(JIS規格など)
- 引張試験で注意すること
    - 試験片の研磨
    - 圧延板材の異方性　など
- 応力－ひずみ線図から得られる材料のパラメータ
    - 弾性率(ヤング率)
    - 降伏応力 → 設計で重要
    - 引張強さ(最大引張強さ)
    - 破断ひずみ → 塑性加工と関係
- 応力－ひずみ線図からいろいろな現象を解析することができる
    - 自動車車体の材料を軟鋼から高張力鋼に置換したら強度は高くなるが、剛性は変わらない
    - 軟鋼からハイテンに置換すると塑性加工における形状凍結性が低下する理由は、材料の弾性回復(スプリングバック)に起因する

材料の変形を理解しよう

4-1 引張変形において外力から変形量を求めてみよう①

ポイント
1. 外力と応力の関係は？ 2. 応力とひずみの関係は？
3. ひずみと変形量の関係は？

　片側を固定された棒を外力Fの力で引張ったときの伸び量（変形量）を求めてみましょう。棒の長さはL、断面積はA、棒の材料の弾性率をEとします。また、伸びた長さをXとします。

　2-3項で説明した材料力学の全体像を思い出してください。外力Fに対して棒の内部には内力Fが生じます。応力σはこの内力を断面積Aで割って求めます（応力の定義）。

　$\sigma = F/A$ …①

式①を変形すると、下記の式になります。

　$\sigma A = F$ …①'

式①'の右辺は外力、左辺は内力を示しています。外力Fと応力σの関係は、「外力と内力のつり合い」です。

　応力σとひずみεは材料の応力-ひずみ線図における「フックの法則」より

　$\sigma = E\varepsilon$ …②

で表されます。

　そして、ひずみεは伸び量Xを元の棒の長さLで割って求めます（ひずみの定義）。

　$\varepsilon = X/L$ …③

式③を変形すると、下記の式になります。

　$\varepsilon L = X$ …③'

式③'の右辺は棒全体の伸び量。左辺は棒内部の変形量の総和を示しています。ひずみεと伸び量Xの関係は「ひずみの適合条件（変形のつり合い）」です。

　式①、②、③の3つの式を組み合わせると外力Fと変形量（伸び量）Xの関係が求まります。

　$X = (L/AE) F$ …④

式④によって棒の伸び量Xを求めることができます。

　ここで3つの基礎式をもう一度見直してください。式①では棒の断面積A、式②では材料の弾性率E、式③では棒の長さLによって、それぞれのパラメー

タが関連付けられています。棒の断面積Aと棒の長さLは形状、材料の弾性率Eは材質を表しています。材料力学における解析では形状と材質がポイントとなることを覚えておいてください。

　例えば、外力Fから応力σを求める場合は式①だけを使います。棒の断面積が等しければ、長さや材質が異なっていても応力は等しくなります。外力Fからひずみεを求める場合は、棒の断面積Aに加えて棒の材質（弾性率E）が関わってきます。3つの基礎式を有効に利用することで、外力に対する応力やひずみ、さらに変形量を計算することができます。今回は、引張変形について説明しましたが圧縮変形についてもまったく同様の式になります。

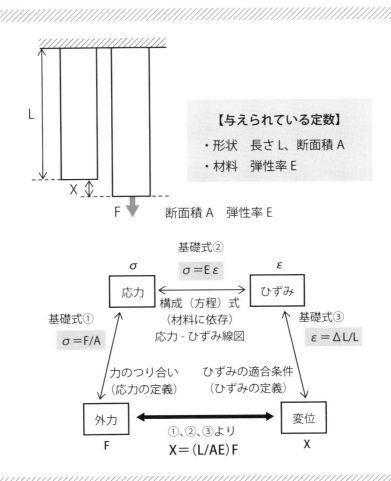

第4章　材料の変形を理解しよう

4-2 引張変形において外力から変形量を求めてみよう②(例題)

例題1 応力の単位換算：( )の値を算出してください。
$1\text{kgf/mm}^2 = ($ $)\text{ MPa}$

解答 いきなり単位の換算でびっくりした方も多いと思いますが、非常に重要な例題です。応力は力を断面積で割って求めます。したがって工学単位で表示するとkgf/mm^2となります。ここでkgではなくkgfと表示することに注意してください。kgは質量、kgfは力を表す単位です。1kgfは1kgの質量を持つ物体が重力によって受ける力を表しています。みなさんの体重はkgではなく正確にはkgfで表示されるべきなのです。

右辺のPaはパスカルと読み、圧力のSI単位（国際単位）でN/m^2と表されます。M（メガ）は基礎となる単位の10^6倍を意味します。したがって、

$1\text{MPa} = 10^6 \text{N/m}^2$ …①

となります。式①の右辺でm^2をmm^2に変換すると、$1\text{m} = 10^3\text{mm}$より、

$1\text{MPa} = 1\text{N/mm}^2$ …②

$1\text{kgf} = 9.8\text{N}$ですので式②を用いると解答が得られます。

$1\text{kgf/mm}^2 = 9.8\text{N/mm}^2 = 9.8\text{MPa}$ …③

実際の数値を使って計算する際には、必ず単位系をそろえるようにしましょう。

例題2 直径20mm、長さ30cmの丸棒（材質は鉄鋼：弾性率21000kgf/mm^2）があります。この棒を2トンの力で引張った場合の伸び量を求めてください。

解答 まず、みなさんの今までの経験からどのぐらい伸びるか予測して、思いついた値を書いてみてください。そして、計算結果と比較してみましょう。ものづくりに関わるエンジニアにとってこの感覚（センス）は非常に重要です。材料力学を学ぶということは、このエンジニアリング・センスを磨く助けになると私は考えています。

まず、単位をそろえて、力はkgf、長さはmmに統一します。外力→応力→ひずみ→変形量（伸び量）という手順で4-1項に示した3つの基礎式を使って順番に計算してみましょう。

式① σ = F/A = (2000kgf)/(10 × 10 × 3.14mm²) = 6.37kgf/mm²
式② σ = Eε → ε = σ/E = (6.37kgf/mm²)/(21000kgf/mm²)
　　　　　　　　　　= 3.0 × 10⁻⁴（ひずみに単位はありません）
式③ ε = X/L → X = εL = (3.0 × 10⁻⁴) × (300mm) = 0.09mm

　答えは0.09mmです。みなさんの予想した数値と比べていかがでしょうか。
　ここで、例題1で述べた単位についてもう一度考えてみましょう。上記の解答では力はkgf、長さはmmに統一して計算しました。これは工学単位の表示ですが、1991年には日本工業規格（JIS）が完全にSI単位（国際単位）に準拠しました。JIS Z 8203において国際単位系（SI）及びその使い方が規定されています。例えば、応力や弾性率の表記ではkgf/mm²ではなくMPaもしくはGPa（G：ギガ、10⁹）という単位を用います。著者の個人的な意見ですが、kgf/mm²という単位の方が感覚的には使いやすいと考えています。

　例題2について力をNで統一して計算した結果は下記の通りです。

式① σ = F/A = (2000 × 9.8N)/(10 × 10 × 3.14mm²) = 62MPa
鉄鋼の弾性率　21000kgf/mm²　→　21000 × 9.8 = 205800MPa = 205.8GPa
式② σ = Eε → ε = σ/E = (62MPa)/(205800MPa)
　　　　　　　　　　= 3.0 × 10⁻⁴（ひずみに単位はありません）
式③ ε = X/L → X = εL = (3.0 × 10⁻⁴) × (300mm) = 0.09mm

例題3 例題2の丸棒の形状は同じで、材質を鉄鋼からアルミニウム合金（弾性率7000kgf/mm²、68600MPa）に置換した場合、伸び量はどのように変化するでしょうか。

解答 例題2の式①、②、③を組み合わせて外力Fと変形量（伸び量）Xの関係式を作ります。

　　X = (L/AE) F　…④

　式④より、形状は（長さLと断面積A）同じで材質を鉄鋼からアルミニウムに置換すると弾性率が1/3になるので、伸び量は3倍になります。同一形状で鉄鋼からアルミニウム合金に置換すれば軽量化は達成できますが同じ荷重が負荷されたときの引張変形量は大きくなります。これは剛性が低下することに相当します。

第4章　材料の変形を理解しよう

例題4 右ページに示すように板材から、プレス機械と金型（パンチとダイ）を用いて円形の素材を打ち抜くために必要な力を求めてください。板材の厚さをt、素材、パンチの直径をD、この材料を破壊させるために必要なせん断応力をτ_cとします。

解答 打ち抜かれた素材をよく見てください。破壊された部分は、素材の側面であり、素材がパンチとダイから受けた力は素材の側面に対して垂直ではなく平行方向に作用します。打ち抜き加工の際には、板材の切断箇所に対してせん断応力が作用します。せん断応力は、下記の式で表されます。

$\tau = F/A$ …⑤

ここで、Fは打ち抜き荷重、Aは打ち抜かれた面の面積です。式⑤を変形して打ち抜き荷重Fは、次の式で求めることができます。

$F = \tau A$ …⑤'

したがって、打ち抜き荷重は

$F = \tau_c (\pi D t)$ …⑥

となります。式⑥より打ち抜き荷重は板材の強度、素材の直径そして板厚と比例関係にあります。つまり、より強度の高い材料や大きな素材を打ち抜こうとする場合は大きな荷重が必要となります。プレス技術者は、式⑥を利用して加工に必要な荷重を計算して、自分たちが所有しているプレス機械の加工能力で大丈夫かどうかチェックしています。

例題5 例題4においてパンチの素材強度を決定してください。打ち抜き荷重に耐えられる材料を用いてパンチを作らないといけません。

解答 打ち抜き荷重は式⑥で表された値になります。加工時に、この荷重がそのままパンチにも作用します。パンチには圧縮の垂直応力が作用します。その値は打ち抜かれる素材から受ける反力（打ち抜き荷重と同じ）をパンチの断面積で割って求められます。

$\sigma = F/A$ …⑦

ここでFは打ち抜き荷重、Aはパンチの断面積を示します。

$\sigma = \tau_c (\pi D t)/(\pi D^2/4) = 4\tau_c t/D$ …⑧

したがって、パンチの材料は式⑧で示される圧縮応力（垂直応力）σに耐えられる材料でなければなりません。

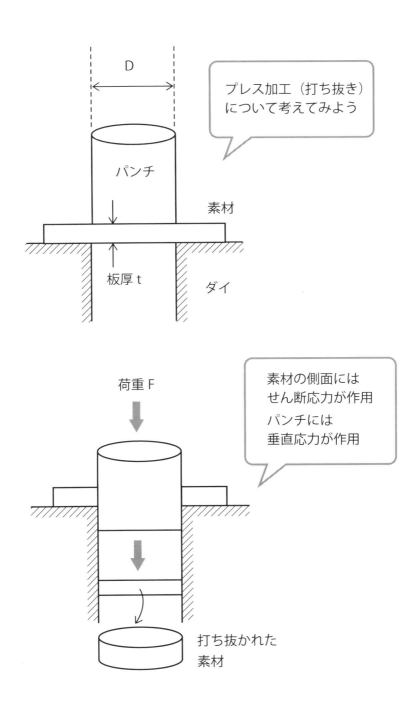

4-3 変形しづらい設計をするためには「剛性」が重要だ①

> **ポイント** 1. 剛性の式とは? 2. 引張・圧縮変形における剛性の式は?
> 3. 引張・圧縮剛性を高めるには?

長さL、断面積A、弾性率Eの棒を引張ったとき変形量Xは、

X = (L/AE) F　…①

と表されます。式①を変形すると、

F = (AE/L) X　…①'

となります。ここで2-2項において説明した構造部材の剛性について思い出してください。構造部材に外力が負荷されると変形します。外力(荷重)をF、構造部材の変形量をXとすると、材料の弾性域では下記の式が成り立ちます。

F = kX　…②

式②におけるkが剛性に相当します。式①'と式②を比較すると引張変形における剛性はAE/Lであることがわかります。圧縮変形についても同様の式です。

材料力学で扱う3つの変形形態(引張・圧縮、曲げ、ねじり)のうち、引張・圧縮変形における剛性はAE/Lで表されることがわかりました。この式から構造部材の引張・圧縮変形における剛性をいかに高めていくか、つまりどのようにして変形しづらい構造体を設計していくか考えるヒントが得られます。

剛性を高めるには、断面積Aを大きく、長さLを短く、そして材料の弾性率を大きくすればよいことがわかります。太くて短い棒は引張っても伸びにくい、一方、細くて長い棒は伸びやすいことは感覚的に理解できるでしょう。また、同一の形状であれば鉄鋼よりもアルミニウム合金のほうが力を加えたら伸びやすいということになります。なぜなら、アルミニウム合金の弾性率は鉄鋼よりも小さいからです。しかし、構造部材の材料を鉄鋼からアルミニウム合金に置換することで軽量化することができます。鉄鋼からアルミニウム合金への置換によって下がる剛性を形状変更で補えばよいのです。

設計者が設定するパラメータは形状では断面積と長さ、そして材料では弾性率の合計3つです。形状と材料のパラメータを最適な値に設定することで剛性の高い構造部材を設計することができます。

引張・圧縮変形における剛性

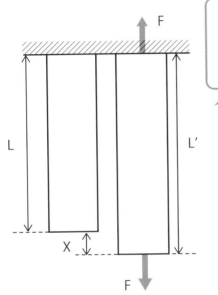

引張・圧縮変形における剛性をどうやって高めていくか考えてみましょう

断面積 A
弾性率 E

引張・圧縮変形における剛性の数式

$$\frac{AE}{L}$$

A：断面積
L：長さ ：形状パラメータ

E：弾性率　：材料パラメータ

4-4 変形しづらい設計をするためには「剛性」が重要だ②(例題)

例題1 同一形状の部品で素材を鉄鋼からアルミニウム合金に置換した場合、引張・圧縮剛性は何倍になるでしょうか。また、剛性を等しくするためには形状をどのように変化させればよいでしょうか。

解答 長さL、断面積A、弾性率Eの棒における引張・圧縮剛性はAE/Lで表されます。アルミニウム合金の弾性率は鉄鋼の1/3ですので、同一形状で素材を鉄鋼からアルミニウム合金に置換したら引張・圧縮剛性は1/3倍になります。剛性を等しくするためには、断面積を3倍、もしくは長さを1/3にすればよいということになります。または、断面積と長さの両方を変化させるという手もあります。要は、(A/L)の値を従来の3倍にすれば材料の置換後も同様の剛性を保つことができます。

例題2 以下のA、Bの材料で同一長さ、同一断面形状の棒材を作ります。引張・圧縮剛性を等しくする場合の重量比とコスト比を求めてください。

	値段(円/kg)	密度(kg/m³)	弾性率(MPa)
材料A	100	10000	200000
材料B	500	2000	50000

解答 引張・圧縮剛性AE/Lが材料Aと材料Bの棒材で等しくなると考えます。長さLは同一ですのでAEの項について考えます。材料Bの弾性率はAの1/4倍ですので、剛性を等しくするためにはBの棒材の断面積を4倍にする必要があります。まず、材料A、Bそれぞれの棒材の体積比を計算します。そして、体積に密度を掛けて重量比、最後に重量に値段を掛けてコスト比が求まります。答えは次の通りです。

- 体積=断面積×長さなので、体積比は A:B = 1:4
- 重量=密度×体積なので、重量比は A:B = 10000:8000 = 1:0.8
- コスト=値段×重量なので、コスト比は A:B = 100:400 = 1:4

材料Bで作った棒材は材料Aよりも20%軽量化されますが、コストが4倍になります。

例題3 以下のA、Bの材料で同じ長さの丸棒を作り、同一の荷重に耐えられるようにした場合のコスト比を求めてください

	値段（円/kg）	密度（kg/m^3）	引張強さ（MPa）
材料A	50	4000	1000
材料B	100	1000	500

解答 応力の定義（$\sigma = F/A$、F：外力、A：断面積）から考えます。材料Bの引張強さ（応力）はAの1/2倍なので、同一の荷重に耐えられるようにするためには丸棒Bの断面積はAの2倍必要です。あとは、例題2と同様に体積比、重量比、コスト比を求めてください。答えは以下の通りです。

- 体積比　A：B＝1：2
- 重量比　A：B＝4000：2000＝1：0.5
- コスト比　A：B＝50：50＝1：1

材料AとBでは同じコスト比になります。

以上の例題で示したように、材料力学を活用することによって、軽量化や低コストで剛性を高めるためにはどのパラメータ（形状と材料）を変化させればよいかわかります。設計者のみなさん、是非、材料力学という便利な道具を活用してください。

4-5 不静定問題とは何か①

ポイント 1. 不静定問題とは？ 2. 力のつり合いの式とは？
3. 変形条件とは？

　今までの知識で棒材の引張・圧縮変形についてすべての問題を解くことができるでしょうか。答えはノーです。右図のように両側を頑丈な壁に固定された長さL、断面積A、弾性率Eの棒の左端から距離aの位置に右向きに力Fを負荷した場合を考えてみてください。棒全体の長さは変化しませんが、負荷をかけている箇所の左側（A部）は伸びて、右側（B部）は縮みます。すなわち、A部には引張、B部には圧縮応力が生じます。この応力を計算してみましょう。

　A部は左側の壁から左向きの反力R_Aを受けて引張られます。一方、B部は右側の壁から左向きの反力R_Bを受けて圧縮されます。R_AとR_Bが求まれば断面積Aで割ることでA部およびB部に作用する応力を求めることができます。棒全体に働く力はつり合っているので、

　　$R_A + R_B = F$ 　…①

となります。これが力学における力のつり合いの条件式です。
式①を見ると、求めなければならない未知数はR_AとR_Bで2個あります。しかし、式の数は1個です。これではR_AとR_Bを求めることはできません。条件式がもう一つ必要です。

　隠された条件式はどのようにして求まるでしょうか。A部とB部の変形について考えてみてください。棒の長さは負荷前後で変化しませんので、R_Aという力によるA部の伸び量とR_Bという力によるB部の縮み量は等しくなります。この変形条件を用いることでそれぞれの反力を求めることができます。各部の変形量の算出には4-1項の式④を使ってください。

　　aR_A/AE（A部の伸び量）＝$(L-a)R_B/AE$（B部の縮み量） 　…②

式①と式②より、下記の解答が得られます。

- A部の応力：$R_A/A = (L-a)F/LA$
- B部の応力：$R_B/A = aF/LA$

　このように棒の各部に働く力を決定するときに、力のつり合いの条件式だけではなく変形の条件式を考慮しなければ解くことができない問題を「不静定問題」と呼びます。

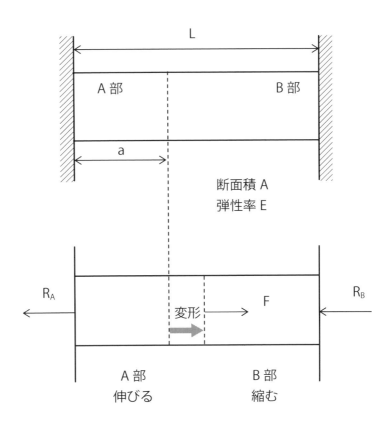

①力のつり合い　$R_A + R_B = F$

②変形の条件式
　A部の伸び量＝B部の縮み量

$$\frac{aR_A}{AE} = \frac{(L-a)R_B}{AE}$$

4-6 不静定問題とは何か②(例題)

例題 右図のように3本の棒の上下を、変形しない頑丈で大きな板で固定した構造部材があります。棒の長さはすべて同じでL、左右2本の棒Aの断面積(A_1)と材質(弾性率E_1)は同じです。中央の棒Bの断面積をA_2、弾性率をE_2とします。この構造部材を棒の軸方向にFの力で圧縮するとき、各棒に生じる応力を求めてください。

解答 AおよびBの棒が板から受ける力を、それぞれR_1、R_2とします。力のつり合いの条件式から、以下の式が導かれます。

$2R_1 + R_2 = F$ …①

ここで、棒Aは2本あるのでR_1は2倍にしてあります。未知数はR_1とR_2なので式①だけでは問題を解くことができません。このような不静定問題では、変形の条件式を探さなければなりません。

この構造部材において2本の棒Aと1本の棒Bは圧縮荷重によって縮みます。そのときに、各棒を固定している板は頑丈で変形しませんので、棒Aと棒Bの縮み量は等しくなります。これが不静定問題における変形の条件式です。

棒Aの縮み量=棒Bの縮み量

$LR_1/A_1E_1 = LR_2/A_2E_2$ …②

力のつり合いの条件式(式①)と変形の条件式(式②)の2つの式を使って棒Aと棒Bに働く力を求めることができます。そして、それぞれの力を断面積で割れば応力が算出されます。

- A部の応力 $R_1/A_1 = E_1F/(2A_1E_1 + A_2E_2)$
- B部の応力 $R_2/A_2 = E_2F/(2A_1E_1 + A_2E_2)$

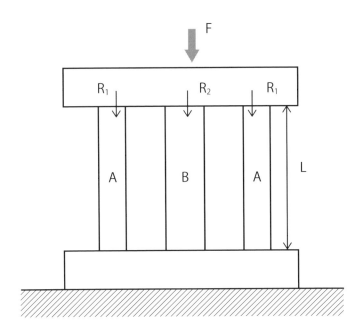

①力のつり合い　$2R_1 + R_2 = F$

②変形の条件式
　棒Aの縮み量＝棒Bの縮み量

$$\frac{LR_1}{A_1E_1} = \frac{LR_2}{A_2E_2}$$

4-7 熱応力とは何か①

> **ポイント**
> 1. 熱応力とは？　2. 熱疲労とは？
> 3. 電車のレールで隙間が必要な理由は？

　右図のように両側を頑丈な壁に固定された棒があります。この棒には外力は負荷されていません。この棒を加熱・冷却すると棒の内部には応力が生じます。これを「熱応力」と呼びます。外力が負荷されていないのになぜ応力が生じるのでしょうか。

　棒の両側の壁を取り除いて、加熱・冷却する場合を考えてみてください。材料を加熱すると膨張し、冷却すると収縮することはよく知られた事実です。棒を加熱すると伸びます。一方、冷却すると棒は縮みます。つまり、棒の両端を固定しなければ、加熱・冷却によって棒の長さは変化します。一方、この棒の両端を固定した場合は、棒の長さは変わることはできません。したがって、加熱した場合は伸びることができないので圧縮応力、冷却した場合は縮むことができないので引張応力が生じます。

　両端が固定された部材において加熱・冷却の温度変化が生じると部材の長さはまったく変化していないのに、内部に引張および圧縮の応力が繰返し作用します。この繰返し応力によって部材は損傷を受けます。これを「熱疲労」と呼びます。例えば火力発電機のタービン翼を設計する際には、この熱疲労に注意しなければなりません。

　電車が走るレールを思い浮かべてください。一定長さの何本ものレールを線路に設置してその上を電車は走っています。レール同士の継ぎ目には一定量の隙間が設けられており、そこを電車が通過するときにガタンゴトンと音がします。気温の低い冬に、隙間を無くしてレールを設置したらどうなるでしょうか。春、夏と気温は上昇していき、レールは加熱されて膨張し、伸びていきます。隙間が無い場合はレールに圧縮応力が生じて、最悪の場合レールは曲がるという大変な問題になります。熱応力はこのようにみなさんの生活にも大きく関わっています。

　設計者は剛性や強度といった力学的パラメータだけではなく、自分が作り出そうとする構造部材における環境（使用温度や雰囲気、例えば海水中、真空中など）についても慎重に考える必要があります。

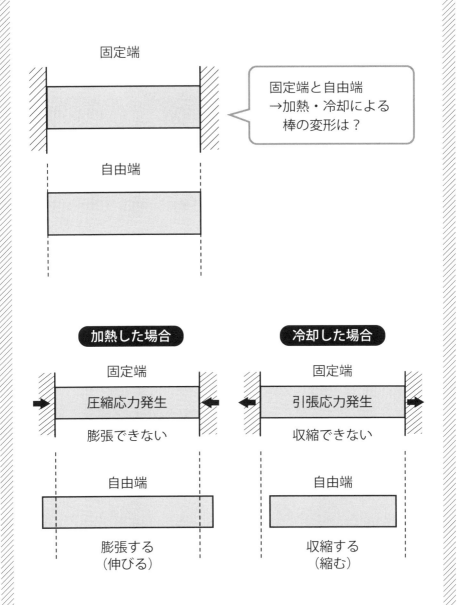

4-8 熱応力とは何か②

ポイント 1. 線膨張係数とは？ 2. 熱応力の求め方は？
3. 熱応力に影響を与えるパラメータは？

　それでは、両端を壁で固定された丸棒を加熱・冷却した際に生じる熱応力を計算してみましょう。まず、材料を加熱・冷却したときにどのぐらい膨張・収縮するか求めます。温度変化に伴う材料の変形量は材質によって異なっています。1℃（K）の温度変化における材料の膨張・収縮の割合を表す定数aを「線膨張係数」と呼びます。

　右図に示すように長さL、線膨張係数aの棒材において温度T_1からT_2に加熱した場合を考えてみましょう。棒の右端は固定されていないので、自由に伸びることができます。棒の伸び量Xは下記の式で求めることができます。

　　$X = aL(T_2 - T_1)$　…式①

固定されていない棒を加熱しても内部に熱応力は生じません。

　次に、この棒の両端を壁で固定して加熱した場合を考えます。棒の内部に生じる熱応力の求め方は下記の通りです。

- 片側を自由端にした場合の伸び量を求める。
- この伸び量の分だけ、棒を元の長さに縮めるための力を求める。

　本来は加熱によって棒は伸びるはずですが壁によって両端が固定されているため伸びることができません。そこで片側の壁を取り除いて考え、力を加えて伸びた分だけ縮められると仮定します。このときに生じた力を棒の断面積で割れば熱応力を求めることができます。棒の断面積をA、弾性率をEとすると棒を縮める力Fは下記の式で求められます。

　　$F = \{AE/(L+X)\}X$　…②

ここでXはLに比べて微小なので$L + X ≒ L$として、

　　$F = (AE/L)X$　…②'

式①と式②'を使って熱応力σは、

　　$\sigma = F/A = a(T_1 - T_2)E$　…③

となります。式③より、熱応力は材料の線膨張係数、弾性率、そして加熱・冷却の温度差に依存していることがわかります。特に材料の線膨張係数は、重要なパラメータです。

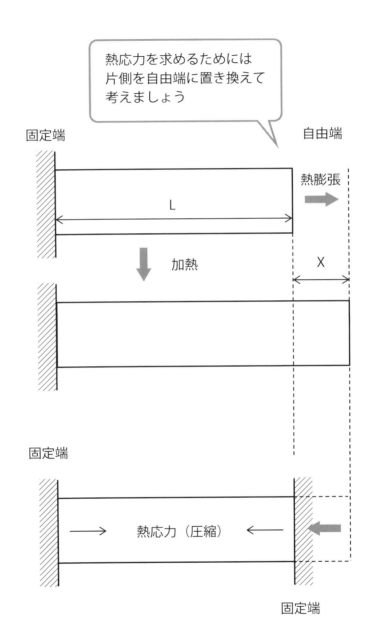

第4章 材料の変形を理解しよう

4-9 熱応力とは何か③(例題)

例題 右図のように3本の棒の上下を、変形しない頑丈で大きな板で固定した構造部材があります。丸棒の長さはすべて同じでL、左右2本の棒Aの断面積(A_1)と材質(弾性率E_1、線膨張係数a_1)は同じです。中央の棒Bの断面積をA_2、弾性率をE_2、線膨張係数a_2とします。この構造部材を温度T_1から温度T_2まで加熱したときに、棒の伸びと熱応力を求めてください。ただし$a_1 < a_2$とします。

解答 この問題で示した構造部材は4-6項で解いた例題とまったく同じものです。この例題では、外力は作用せず温度を変化させています。4-8項で説明したように、まず上部の板を取り除いたと考えて、拘束が無い状態にしたときの各棒の伸び量を求めます。
- 棒Aの伸び量　$X_1 = a_1 L (T_2 - T_1)$　…①
- 棒Bの伸び量　$X_2 = a_2 L (T_2 - T_1)$　…②

$a_1 < a_2$より、棒Bの方がAよりも大きく伸びます。

　実際は棒A、Bの上端は板で固定されているので、加熱後の各棒の長さは等しくなります。そのときの伸び量をXとします。つまり、棒Aには引張りの力が作用してXの位置まで伸び、棒Bには圧縮の力が作用してXの位置まで縮みます。棒Aに働く力R_1と棒Bに働く力R_2は向きが逆になります。

　力のつり合いの条件式から、以下の式が導かれます。

　　$2R_1 = R_2$　…③

未知数はR_1とR_2なので式③だけでは問題を解くことができません(不静定問題)。変形の条件式は下記の通りです。

　棒Aの伸び量は次の式で表されます。

　　$X - X_1 = \{(L + X_1) R_1\} / (A_1 E_1)$　…④

ここでX_1はLに比べて微小なので$L + X_1 \fallingdotseq L$とします。式②を代入して棒Aに働く引張力R_1が求まります。

　　$R_1 = (A_1 E_1 / L) \{X - a_1 L (T_2 - T_1)\}$　…⑤

棒Bの縮み量は下記の式で表されます。

　　$X_2 - X = \{(L + X_2) R_2\} / (A_2 E_2)$　…⑥

ここでX_1はLに比べて微小なのでL + X_2 ≒ Lとします。式②を代入して棒Aに働く圧縮力R_2が求まります。

$R_2 = (A_2E_2/L) \{a_2L(T_2 - T_1) - X\}$　…⑦

式⑤と式⑦を力のつり合いの条件式②に代入すると、加熱後の各棒の伸び量Xは下記の式で表されます。

$X = \{(2A_1E_1a_1 + A_2E_2a_2) L (T_2 - T_1)\}/(2A_1E_1 + A_2E_2)$　…⑧

式⑧で求めたXを式⑤に代入して引張力R_1求め、それを断面積で割れば棒Aに作用する熱応力（引張）が計算できます。Xを式⑦に代入して圧縮力R_2を求め、それを断面積で割れば棒Bに作用する熱応力（圧縮）が計算できます。

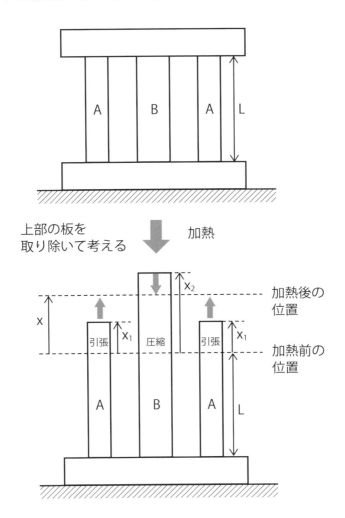

第4章　材料の変形を理解しよう

第4章のまとめ

- 引張・圧縮変形における3つの基礎式
    - 外力と応力の関係　→　外力と内力のつり合い
    - 応力とひずみの関係　→　応力－ひずみ線図におけるフックの法則
    - ひずみと変形量の関係　→　内部ひずみの総和と全体の変形量が等しい（ひずみの適合条件）
- 引張・圧縮変形における剛性　→　(断面積×弾性率)/長さ
  断面積、長さ：形状のパラメータ
  弾性率：材料のパラメータ
- 材料力学における解析では形状と材質がポイント
- 不静定問題を解くためには力のつり合いだけではなく変形の条件式を見つける
- 熱応力は変形が拘束された構造部材を加熱・冷却した際に、膨張や収縮が妨げられることで発生する
- 熱応力の求め方
    - 拘束を自由にした場合の変形量を求める
    - この変形量の分だけ元の形状に戻す力を考えて応力を計算する

曲げ変形を理解しよう

5-1 はりの曲げ変形

> **ポイント**
> 1. はりとは？　2. はりの支持方法は？
> 3. はりの内部に生じる応力勾配とは？

　みなさんが住んでいる家を支えている骨組構造について考えてみましょう。建築物の骨組は、柱と梁という棒材によって成り立っています。柱には棒の長手方向に対して力（部材の自重など）が働きます。この力によって柱は圧縮されます。柱に生じる応力や柱の変形量についてはこれまでに学んだ知識で解析することができます。一方、はりは棒の長手方向に対して垂直方向から力を受けて曲がります。これを「曲げ変形」と呼びます。曲げ変形では外力に対してはりが回転して曲がります。したがって、曲げ変形の解析では、外力によるモーメント（曲げモーメント）が重要になります。

　さまざまな形態のはりの種類がありますが、ここでは、はりが2つの支持点で支えられた「両端支持はり」とはりの片側のみ支えられた「片持はり」について説明します。片持はりは、はりの片側が壁に埋め込まれた状態を想像してください。ここで注意しなければならない点は、支持方法が異なるという点です。両端支持はりにおける支持点を「回転支点」、片持はりにおける支持点を「固定支点」と呼びます。はりに外力が負荷されて曲がるとき、回転支持では端部が回転します。一方、固定支持の場合は、はりが壁に埋め込まれて固定されているために回転することができません。回転支点には外力に対して反力が作用します。一方、固定支点では回転できないために反力だけではなく、反モーメントも作用します。

　曲げ変形では、はりの内部に応力勾配が生じます。身近な例として手の指を曲げてみてください。片側の皮膚は引張られて伸びますが、逆側では皮膚が圧縮されてしわができます。曲げの外側には引張、内側には圧縮の応力が作用します。曲げ応力は表面で最大となり、内部へ向かって減少していきます。曲げ応力が0（ゼロ）となる場所を、「中立軸」と呼びます。

　曲げ変形を受ける構造部材を設計する際に、部材内部の中立軸には応力が作用しないのでこの部分の材料を除くことで軽量化を実現することができます。つまり、パイプなどの中空棒を用いれば、軽量かつ曲げ変形に強い構造部材を作ることができます。

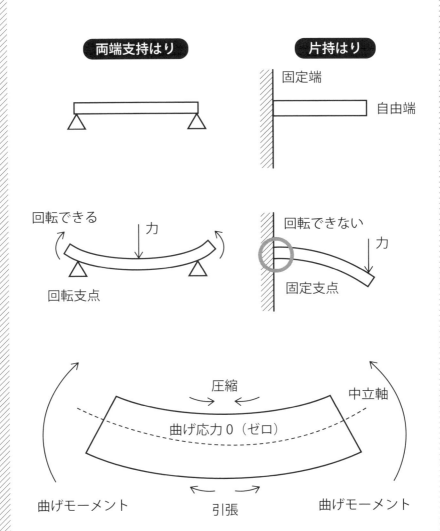

5-2 曲げ変形において知りたいこと

ポイント 1. はりに働く力とモーメントは？ 2. はりの表面と内部に生じる応力は？ 3. はりのたわみ量（変形量）は？

　曲げ変形は、引張・圧縮変形と異なり、はりにモーメントが負荷されます。また、曲げ応力についても均一ではなく、長手方向と内部方向に分布を持っています。曲げ変形において知っておきたいことを次にまとめました。

①はりの断面に働く力とモーメントは？
　断面形状が一定の丸棒の片側を壁に固定して、この片持はりの先端に荷重を負荷します。荷重を大きくしていくとはりは根元から破壊しますが、途中の部分で壊れることはありません。これはなぜでしょうか。答えは、はりの根元の曲げ応力が一番大きいからです。このように曲げ応力は、はりの場所に対して分布を持っています。その理由は、外力によってはりに生じる曲げモーメントが場所によって異なるためです。つまり、設計者は構造部材における曲げモーメントの分布を知ることで、どの箇所が危険であるか予測することができます。また、はりの断面にはせん断力も作用します。

②はりの表面と内部に生じる応力は？
　曲げモーメントから曲げ応力を計算することができます。前項で述べたように曲げ応力は表面が最大で内部方向に分布を持っています。はりに外力が負荷されたときに生じる最大曲げ応力がわかったら、その応力に耐えられるだけの材料を選定します。また、曲げ応力を低減するための断面形状を工夫します。曲げ変形でも「形状」と「材料」のパラメータが重要です。

③はりのたわみ量（変形量）は？
　片持はりの端部に荷重が作用した場合を考えてみてください。はりは外力によって曲がってたわみます。ここで、たわみ量（変形量）は場所によって変わることに注目してください。外力によってはりに作用する曲げモーメントは、場所によって異なっているからです。はりのたわみ量も曲げ応力と同様に曲げモーメントから求めることができます。また、曲げ変形においても引張・圧縮変形と同様に外力Fとたわみ量Xの間にF＝kXの関係が成り立ちます。このバネ定数kに相当する式が「曲げ剛性」になります。曲げ剛性は形状と材料によって決定されます。

「曲げ」において知りたいこと

①はりの断面に働く力・モーメントは？

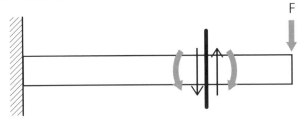

②はりの上部と下部に働く応力は？

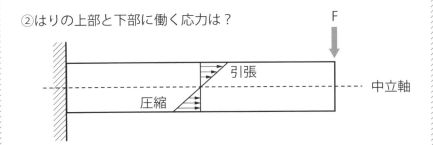

③はりのたわみ（変形量）は？

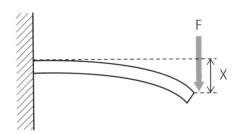

5-3 曲げ変形の解析の前にやらなければならないこと（例題）

ポイント 1. 曲げ変形の解析の第一歩は？ 2. 反力と反モーメントの求め方は？ 3. 曲げ変形における不静定問題とは？

　曲げ変形の解析では、曲げモーメントの分布を知ることが重要であると述べましたが、実はその前にやらなければならないことがあります。それは第1章で説明した力学を使って「支持点における反力と反モーメントを求めること」です。はりに働くのは外力と支持点における反力と反モーメントです。これらの間には「力のつり合い」と「モーメント（回転）のつり合い」が成立しています。この2つのつり合いの式を用いて反力と反モーメントを計算します。これが曲げ変形における解析の第一歩です。ここで間違えると曲げモーメント、曲げ応力、たわみ量、すべて正しい解答を得ることができません。例題で再度、力学を復習してみましょう。慎重に計算して、反力と反モーメントを求めてみてください。また、第4章で引張・圧縮変形に関する不静定問題について説明しましたが、曲げ変形についても同様に不静定問題があります。例題を使って解説します。

例題1 図1の両端支持はりで、支持点における反力R_AとR_Bを求めてください。

図1

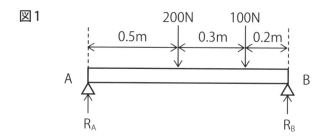

解答
- 力のつり合い
  $R_A + R_B - 200 - 100 = 0$ （上向き：正）　…①
- モーメントのつり合い（A点まわり）
  $200 \times 0.5 + 100 \times (0.5 + 0.3) - R_B \times (0.5 + 0.3 + 0.2) = 0$ （右回り：正）　…②

モーメントのつり合いにおいて、回転軸からの距離に注意してください。A点から力が負荷されている点までの距離になります。

式①と式②より、R_A = 120N、R_B = 180N になります。

例題2 図2の片持はりで、支持点における反力Rと反モーメントMを求めてください。端部Aは固定支点なので回転が拘束されており、反モーメントが生じます。

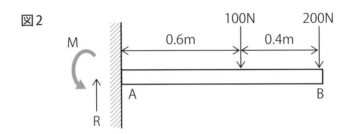

図2

解答

- 力のつり合い
  R − 100 − 200 = 0（上向き：正） …①
- モーメントのつり合い（A点まわり）
  100 × 0.6 + 200 ×(0.6 + 0.4) − M = 0（右回り：正） …②
  式①より、R = 300N、式②より M = 260N・m（左回り）になります。

例題3 少し複雑な問題も考えて見ましょう。図3のはりを見てください。両端支持はりですが、支持点よりも外側にはりが伸びており、両端部に力が負荷されています。これを「張出はり」と呼びます。支持点における反力R_CとR_Eを求めてください。

解答

- 力のつり合い
  R_C + R_E − 700 − 200 − 300 = 0（上向き：正） …①
- モーメントのつり合い（C点まわり）
  どの点を回転軸に設定するか迷うところですが、ここではC点とします。右回りのモーメントを与える力はD点とB点に負荷されており、左回りのモーメ

ントを与える力はA点とE点に負荷されています。それぞれの力が作用している点と回転軸（C点）との距離を間違えないように注意して式を作ってください。

$200 \times (0.5 - 0.1) + 300 \times (0.7 + 0.2) - 700 \times 0.1 - R_E \times 0.7 = 0$（右回り：正）　…②

式①と式②より、$R_C = 800N$、$R_E = 400N$ になります。

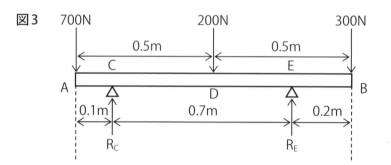

図3

例題4 図4のはりにおいて支持点における反力（R_AとR_B）と反モーメント（M）を求めるために必要な条件式について考えてみてください。

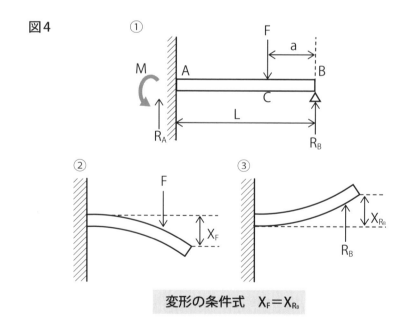

図4

変形の条件式　$X_F = X_{R_B}$

解 答

- 力のつり合い
  $R_A + R_B - F = 0$ （上向き：正） …①
- モーメントのつり合い（A点まわり）
  $F \times (L - a) - R_B \times L - M = 0$ （右回り：正） …②

式①と式②を使ってR_A、R_BそしてMを求めることはできるでしょうか。未知数が3個ですが、式は2個しかありませんので（力のつり合いとモーメントのつり合い）、このままでは問題を解くことができません。第4章で説明しましたが、このような不静定問題を解くためには変形の条件式が必要です。

ここでB点における支点を取り外して反力R_Bが作用している状態を考えます。片持ちはりにおいてC点に下向きFの力が、B点に上向きR_Bの力が作用しています。それぞれの力が独立に作用した場合を図②、図③に示します。端部B点ではりがたわむ方向は、それぞれ逆向きになります。この2つの状態を重ね合わせれば、図①に示すはりの変形を表すことができます。図①における端部B点のたわみは0（ゼロ）です。つまり、下向きの力Fによる端部のたわみ量X_Fと上向きの力R_Bによる端部のたわみ量X_{R_B}が等しければよいのです。

- 変形の条件式
  $X_F = X_{R_B}$ …③

式①、式②、そして式③を使って、反力R_A、R_Bと反モーメントMを求めることができます。式③ではたわみ量を求める公式を使います。実際の解答については、本章の後半で説明します。

例題5 図5の両端支持はりで、支持点における反力R_Aおよび反力R_Bを求めてください。

解 答 AC間には単位長さ（1m）当たり200Nの荷重が均等に負荷されています。このような負荷形態を「等分布荷重」と呼びます。今までの例題では一点に荷重が負荷されていました。これを「集中荷重」と呼びます。

等分布荷重の問題を解く際には「集中荷重に置き換える」ことがポイントです。AC間に働く力の合計は下向きに$200 \times 0.5 = 100$Nです。この力がAB間の中央C点に負荷されていると仮定して問題を解きます。つまり、等分布荷重の負荷領域の中央に集中荷重として全荷重が負荷されていると考えます。この考え方は重要なので覚えておいてください。集中荷重に置き換えたはりで反力

図5

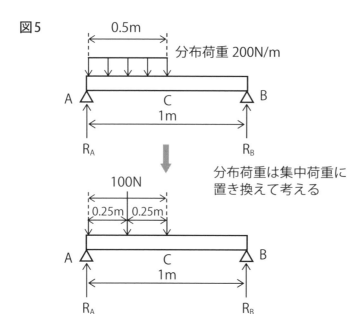

R_AとR_Bを求めます。
- 力のつり合い
  $R_A + R_B - 100 = 0$（上向き：正）　…①
- モーメントのつり合い（A点まわり）
  $100 \times 0.25 - R_B \times 1 = 0$（右回り：正）　…②
  式①と式②より$R_A = 75N$、$R_B = 25N$になります。

　ここで注意しなければならないのは、分布荷重から集中荷重への置き換えは反力を求めるために仮想的に行う操作であるということです。実際のはりの変形は集中荷重と分布荷重では異なりますので、集中荷重への置き換えで反力や反モーメントを求めたら、速やかにもとの分布荷重に戻すように頭を切り替えてください。

例題6 図6の片持はりで、支持点における反力Rと反モーメントMを求めてください。

解答 片持はりの全体に分布荷重が作用しています。ただし、例題5で示した場合と異なり、荷重は均等に分布していません。はりの固定端Aで300N負

図6

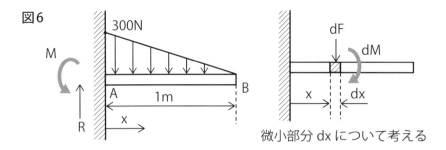

微小部分 dx について考える

荷されていますが、自由端Bに向かって減少しており、B点では0（ゼロ）になっています。つまり、荷重分布はw = 300（1 − x）という式で表されます。ここでxは固定端Aからの距離です。

このような場合は、積分によって問題を解く必要があります。対象物を細かく分解して、その微小部分（ここではdx）に作用している力（dF）とモーメント（dM）を求めて、全領域にわたって足し算をする作業が積分の計算になります。

- はりに作用する力を求める

  $dF = w \times dx$

  $= 300(1 − x)dx$

  両辺を積分する。

  $F = 300\int_0^1(1 − x)dx$

  $= 300\left[x − \frac{1}{2}x^2\right]_0^1 = 150N$（下向き）

- はりに作用するモーメントを求める

  $dM = dF \times x$

  $= wdx \times x$

  $= 300(1 − x)xdx$

  両辺を積分する。

  $M = 300\int_0^1(1-x)xdx$

  $= 300\left[\frac{1}{2}x^2 − \frac{1}{3}x^3\right]_0^1 = 50N \cdot m$（右回り）

以上の計算から、反力 $R = 150N$、反モーメント $M = 50N \cdot m$ となります。分布荷重が均一ではない場合は、微小部分に作用する荷重とモーメントを考えて、積分計算によって、はり全体に作用する力とモーメントを求めることを覚えておいてください。

5-4 はりに働くせん断力と曲げモーメント

> **ポイント**
> 1. せん断力とは？　2. 曲げモーメントとは？
> 3. せん断力と曲げモーメントの正負は？

　右図の両端支持はりに作用するせん断力と曲げモーメントについて考えてみましょう。長さLのはりの中央D点に外力Fが負荷されています。反力R_Aと反力R_Bは、力とモーメントのつり合いから、次式のようになります。

$R_A = R_B = F/2$

　ここで、AD間のC点における断面について、仮想的に2つの部分に分けて考えます。左右の面には、面に対して平行な「せん断力」が働いています。左の面に働くせん断力は上向きに$R_A = F/2$、右の面に働くせん断力は下向きに$F - R_B = F/2$です。それぞれの力はつり合っています。DB間のE点における断面についても同様に、左の面に下向きに$F - R_A = F/2$、右の面に上向きに$R_B = F/2$のせん断力が働いています。D点を回転軸とすると、このはりは右回りに$R_A × L/2 = FL/4$、左回りに$R_B × L/2 = FL/4$のモーメントを受けて下に凸の形状で曲がります。それぞれのモーメントはつり合っています。これを「曲げモーメント」と呼びます。曲げモーメントを増やせば、はりのたわみ量も大きくなります。このように、曲げ変形を受けるはりにはせん断力と曲げモーメントが働きます。

　せん断力と曲げモーメントはベクトル量ですので、向きによって正負の区別があります。せん断力については、左断面に上向きの力、右断面に下向きの力が作用する場合を正とします。つまり、AD間のせん断力は正、DB間のせん断力は負となります。曲げモーメントについては、下向きに凸の形状に曲がるように働くモーメントを正、上向きに曲がるように働くモーメントを負とします。

　一般に、曲げ変形を受けるはりに働くせん断力と曲げモーメントは、はりの各場所によって異なります。せん断力の分布を示す線図を「せん断力図（SFD：Shear Force Diagram）」、曲げモーメントの分布を表す線図を「曲げモーメント図（BMD：Bending Moment Diagram）」と呼びます。特に、BMDは重要で、曲げモーメントが最大の場所では曲げ応力も最大となり、外力が大きいとその場所から破壊します。設計者にとって、SFDとBMDを描いて曲げ変形を受ける構造部材の危険箇所を調べることは重要な作業です。

両側支持はりに作用するせん断力と曲げモーメント

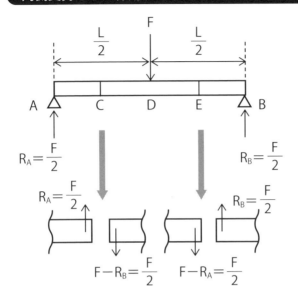

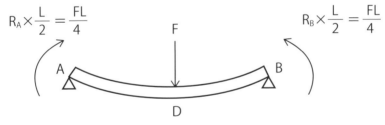

せん断力

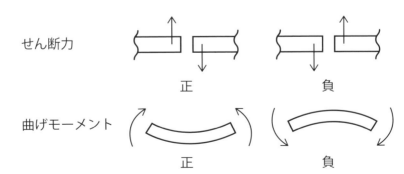

曲げモーメント

5-5 せん断力図と曲げモーメント図を描いてみよう①

ポイント
1. SFDとBMDを描く前に行うことは？
2. SFDの描き方は？　3. BMDの描き方は？

　右図の両端支持はりにおけるSFDとBMDを描いてみましょう。最初に支持点A、Bにおける反力R_A、R_Bを求めます。

- 力のつり合い

　$R_A + R_B - 100 = 0$（上向き：正）　…①

- モーメントのつり合い（A点まわり）

　$100 \times 0.5 - R_B \times 1 = 0$（右回り：正）　…②

　式①と式②より、$R_A = R_B = 50N$となります。

　まず、SFDを描きます。SFDでは横軸がA点からの距離（座標）x、縦軸がせん断力Fを示しています。もう一度、はりの図を見てください。荷重が負荷されている点はA、B、Cの3点です。せん断力の分布は区間ACとCBで変化するので、この2つの区間におけるせん断力を考えてSFDを描きます。

- 区間AC

　区間ACにあるX点におけるせん断力を考えます。X点の左側には上向きに50Nの力が作用しています。5-4項で述べたせん断力の正負について再度確認してください。左断面に上向きの力が作用している場合が正となります。

　$F_{AC} = 50N$

- 区間CB

　区間CBにあるX点におけるせん断力を考えます。X点の左側にはA点で上向き（正）に50N、C点において下向き（負）に荷重100Nが作用しています。

　$F_{CB} = 50 - 100 = -50N$

　以上の結果をグラフに描くとSFDが完成です。

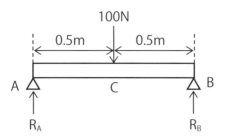

両側支持はりのSFD

・AC 間

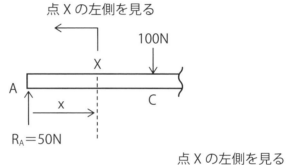

・CB 間

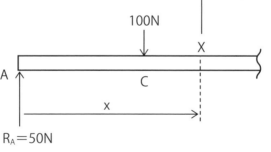

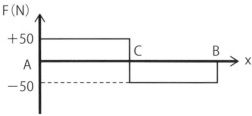

第5章 曲げ変形を理解しよう

次に、BMDを描きます。SFDの場合と同様に区間AC、区間CBに作用するモーメントをそれぞれ求めていきます。

- 区間AC

区間ACにあるX点における曲げモーメントを考えます。X点を回転軸として、AX間に作用する曲げモーメントを求めてください。X点より左側には距離xの場所A点に50Nの力が作用しています。5-4項で述べたせん断力の正負について再度確認してください。下向きに凸の形状に曲がる様に働く曲げモーメントを正とします。

$M_{AC} = 50x$ （N）

- 区間CB

区間CBにあるX点における曲げモーメントを考えます。X点の左側には距離xの場所A点に上向き（正）に50N、X点から距離（x − 0.5）の場所C点において下向き（負）に荷重100Nが作用しています。

$M_{CB} = 50x − 100 (x − 0.5)$
　　　$= − 50x + 50$ （N）

以上の結果をグラフに描くとBMDが完成です。

無事にSFDとBMDを描くことができましたが、ここで終わりではありません。設計者は構造部材におけるせん断力や曲げモーメントの分布を知ることで、どの箇所が危険であるか予測しなければなりません。ここからが重要です。せん断力は、はり全体に均等に50N負荷されています。このせん断力をはりの断面積で割るとせん断応力を求めることができます。求めたせん断応力に耐えうる材料を選定しなければなりません。

また、曲げモーメントが最大となるC点は、このはりにおける危険箇所と判定されます。C点における曲げモーメントは$M_{AC} = 50x$においてx = 0.5mを代入してM = 25N·mとなります。この曲げモーメントから曲げ応力を算出して、この最大曲げ応力に耐えうる材料を選定する必要があります。SFDとBMDを描いたら、危険箇所について考えるようにしてください。

両端支持はりのBMD

・AC間
　点Xの左側を見る

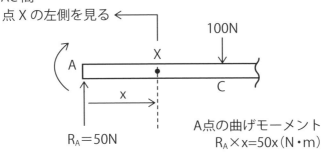

A点の曲げモーメント
$R_A \times x = 50x \, (\text{N·m})$

$$\underline{M_{AC} = 50x}$$

・CB間

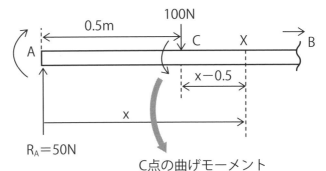

A点の曲げモーメント
$R_A \times x = 50x \, (\text{N·m})$

C点の曲げモーメント
$-100 \times (x - 0.5)$
$= -100x + 50 \, (\text{N·m})$

$$M_{CB} = 50x + (-100x + 50)$$
$$\underline{= -50x + 50 \, (\text{N·m})}$$

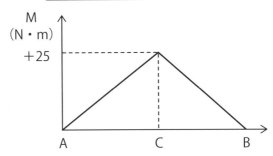

5-6 せん断力図と曲げモーメント図を描いてみよう②(例題)

例題1 図1の両端支持はりについてSFDとBMDを描いてください。

解答 まず、支持点A、Bにおける反力R_A、R_Bを求めましょう。

- 力のつり合い

  $R_A + R_B - 100 - 200 = 0$ (上向き:正) …①

- モーメントのつり合い(A点まわり)

  $100 \times 0.5 + 200 \times (0.5 + 0.25) - R_B \times (0.5 + 0.25 + 0.25) = 0$ (右回り:正) …②

  式①と式②より、$R_A = 100N$、$R_B = 200N$となります。

  次にSFDとBMDを描きます。区間をAC、CD、DBの3つに分けて考えます。

SFD

- 区間AC

  $F_{AC} = 100N$

- 区間CD

  $F_{CD} = 100 - 100$
  $= 0N$

- 区間DB

  $F_{DB} = 100 - 100 - 200$
  $= -200N$

BMD

- 区間AC

  $M_{AC} = 100x$ (N・m)

- 区間CD

  $M_{CD} = 100x - 100(x - 0.5)$
  $= 50 N・m$

- 区間DB

  $M_{DB} = 100x - 100(x - 0.5) - 200(x - 0.5 - 0.25)$
  $= -200x + 200$ (N・m)

図1

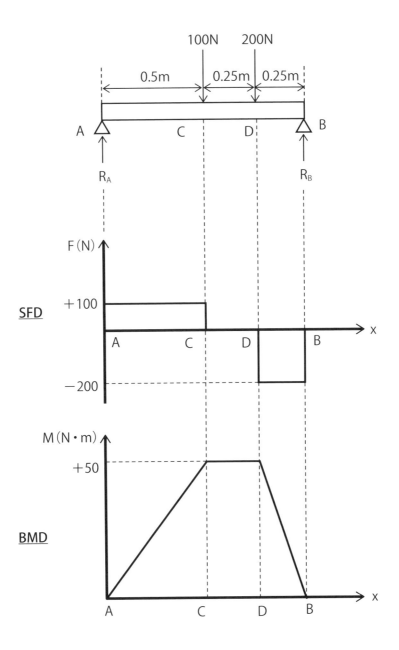

SFD

BMD

第5章　曲げ変形を理解しよう　89

例題2 図2の片持はりについてSFDとBMDを描いてください

解答 まず、支持点Aにおける反力Rと反モーメントMを求めましょう。

- 力のつり合い

  R − 100 − 200 = 0 （上向き：正）　…①

- モーメントのつり合い

  100 × 0.5 + 200 × (0.5 + 0.5) − M = 0 （右まわり：正）　…②

  式①より R = 300N、式②より M = 250N・m（左回り）となります。
  次にSFDとBMDを描きます。区間をAC、CBの2つに分けて考えます。

SFD

- 区間AC

  F_{AC} = 300N

- 区間CB

  F_{CB} = 300 − 100
  　　= 200N

BMD

　A点に左回り（負）の反モーメントM = 250N・mが存在することを忘れないでください。

- 区間AC

  M_{AC} = − 250 + 300x （N・m）

- 区間CB

  M_{CB} = − 250 + 300x − 100 (x − 0.5)
  　　= 200x − 200 （N・m）

図2

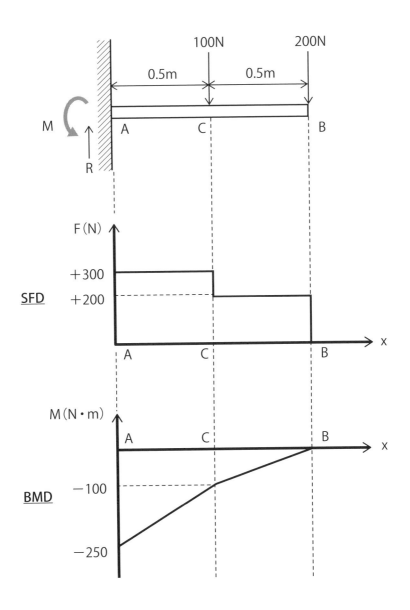

例題 3 図3の両端支持はりにおいてはり全体に等分布荷重（100N/m）が負荷されています。SFDとBMDを描いてください。

解 答 等分布荷重を集中荷重に置き換えて、支持点A、Bにおける反力R_A、R_Bを求めます。AB間に負荷されている荷重の総和は$100 \times 1 = 100$Nであり、この力が中央部C点に集中荷重として作用していると仮定してください。

- 力のつり合い

  $R_A + R_B = 100$N　…①

- モーメントのつり合い（A点まわり）

  $100 \times 0.5 - R_B \times 1 = 0$　…②

  式①と式②より$R_A = R_B = 50$Nとなります。

区間ABにあるX点におけるせん断力と曲げモーメントを考えます。X点の左側には距離xの場所A点に上向き（正）に50N、そして区間AXの全域に分布荷重が作用しています。分布荷重を集中荷重に置き換えて、区間AXの中央部すなわちA点から距離x/2の点に$100x$（N）の荷重が負荷されていると考えます。

SFD

- 区間AB

  $F_{AB} = 50 - 100x$　（N）

BMD

- 区間AB

  $M_{AB} = 50x - 100x \times (x/2)$
  　　　$= 50x - 50x^2$　（N・m）

図3

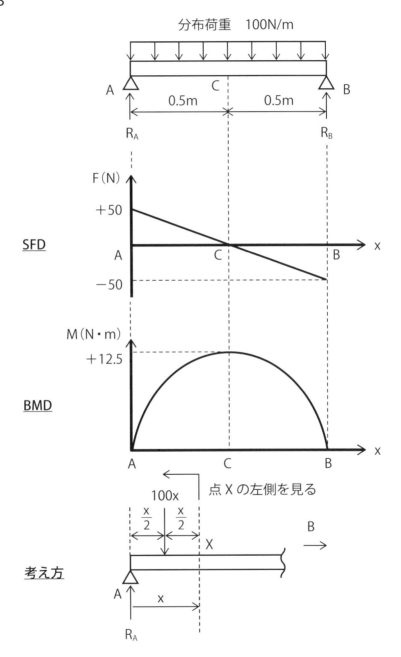

第5章 曲げ変形を理解しよう　93

5-7 はりの曲げ応力を求めよう①

ポイント
1. 曲げ応力の求め方は？　2. 中立軸の位置の求め方は？
3. 断面二次モーメントの求め方は？

　はりに働く曲げモーメントがわかったら、次に曲げ応力を求めてみましょう。曲げ応力の公式は下に示す通りです。

$$\sigma = \frac{M}{I}y \quad \cdots ①$$

　ここでMは「曲げモーメント」、Iは「断面二次モーメント」、yは「中立軸からの距離」です。右図ははりに曲げモーメントMが作用した状態を表しています。断面二次モーメントと中立軸の位置は、はりの断面形状によって決まります。式①より、曲げ応力は中立軸の位置から離れるほど大きくなります。中立軸において曲げ応力は0（ゼロ）ですが、中立軸から離れたはりの表面で応力は最大となります。また、上面では圧縮、下面では引張の応力が作用しています。

　右図に代表的な平面図形の中立軸の位置と断面二次モーメントを示します。ここで、Zは「断面係数」であり、I/yを表しています。yは中立軸から一番離れた位置の値を使います。断面係数を用いると曲げ応力の式は下記のように書き換えることができます。

$$\sigma = \frac{M}{Z} \quad \cdots ②$$

ただし、式②は最大応力を計算しているということに注意してください。

　中立軸は「断面形状の重心（図心）」Gを通ります。重心の位置と断面二次モーメントは下記の公式で求めることができます。

- 重心の位置　$\bar{y} = \dfrac{\int y dA}{A} \quad \cdots ③$　（Aは図形の面積）

- 断面二次モーメント　$I = \int y^2 dA \quad \cdots ④$

　どんなに複雑な断面形状でも重心の位置さえわかれば中立軸を決めることができますが、手計算が困難な場合もあります。その際は、設計で用いるCADソフトを使えば、簡単に重心の位置と断面二次モーメントを求めることができます。

はりに生じる曲げ応力

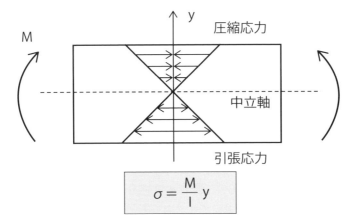

$$\sigma = \frac{M}{I} y$$

M：その部分に作用している曲げモーメント
I：断面二次モーメント（断面形状で決まる）
y：中立軸からの距離

断面二次モーメント公式

断面形状	$\bar{y}$	I_G	Z
長方形（b×h）	$\dfrac{h}{2}$	$\dfrac{bh^3}{12}$	$\dfrac{bh^2}{6}$
三角形（b×h）	$\dfrac{h}{3}$	$\dfrac{bh^3}{36}$	$Z_1 = \dfrac{bh^2}{24}$ $Z_2 = \dfrac{bh^2}{12}$
円（d）	$\dfrac{d}{2}$	$\dfrac{\pi}{36} d^4$	$\dfrac{\pi}{32} d^3$
中空円（d_1, d_2）	$\dfrac{d_2}{2}$	$\dfrac{\pi}{64}(d_2^4 - d_1^4)$	$\dfrac{\pi}{32} \dfrac{d_2^4 - d_1^4}{d_2}$

第5章　曲げ変形を理解しよう

5-8 はりの曲げ応力を求めよう② (例題)

例題1 下図の両端支持はりにおける最大曲げ応力を求めてください。はりの断面形状は正方形で一辺の長さが10mmです。

解答 まず、このはりのBMDを描いて、曲げモーメントが最大となる点（危険箇所）を探しましょう。BMDの描き方については5-6項の例題1を復習してください。曲げモーメントが最大となるのはCD間であり、その値はM＝＋50（N・m）です。正の曲げモーメントなので下に凸の形状ではりが曲がっています。したがって、CD間の下部に引張応力が作用しています。正方形断面の断面二次モーメントは長方形断面における縦の長さと横の長さを等しいと考えて$I = t^4/12$となります（一辺の長さ：t）。

曲げ応力の公式　$\sigma = \dfrac{M}{I} y$ に次の値を代入します。

$M = 50$ (N・m)

$I = (10 \times 10^{-3})^4 / 12$ (m^4)

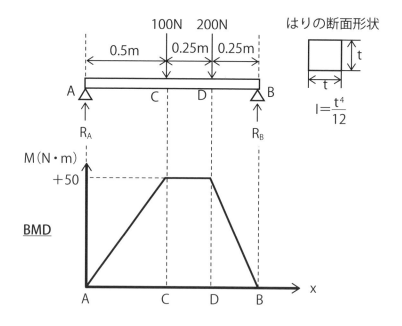

$\bar{y} = (10 \times 10^{-3})/2 \, (\text{m})$

曲げ応力　$\sigma = 300 \times 10^6 (\text{N/m}^2) = 300$（MPa）となります。

例題 2　下図の円形断面を有する片持はりにおける最大曲げ応力が$\sigma =$ 100MPaになるようにはりの直径dを決定してください。

解答　まず、このはりのBMDを描いて、曲げモーメントが最大となる点（危険箇所）を探しましょう。BMDの描き方は5-6項の例題2を復習してください。曲げモーメントが最大となる点は片持はりの根元（A点）で、その値はM = $-$ 250（N・m）です。負の曲げモーメントなので上に凸の形状ではりが曲がっています。したがって、A点の上部に引張応力が作用しています。このはりの断面形状は円形なので$I = \pi d^4/64$、中立軸の位置は$\bar{y} = d/2$です。

曲げ応力の公式　$\sigma = \dfrac{M}{I} y$に次の値を代入してdを求めます。

M = 250（N・m）

$I = \pi d^4/64$

$\bar{y} = d/2$

$\sigma = 100 (\text{MPa}) = 100 \times 10^6 (\text{N/m}^2)$

はりの直径d = 2.94×10^{-2}（m）= 29.4（mm）

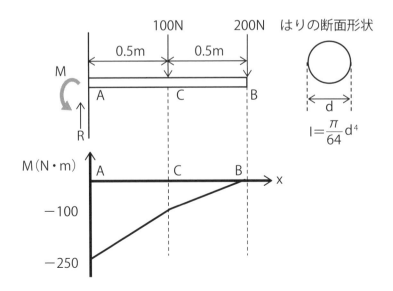

5-9 重心の位置と断面二次モーメントを計算してみよう(例題)

例題 1 5-7項で示した式③と式④を使って長方形断面における中立軸の位置（重心の位置）と断面二次モーメントを求めてください。

解答

- 中立軸の位置（重心の位置）

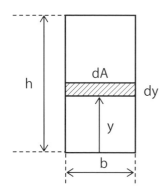

重心の位置　$\bar{y} = \dfrac{\int y dA}{A}$

$dA = bdy$

$\bar{y} = \dfrac{\int_0^h y \cdot bdy}{bh} = \dfrac{b\left[\dfrac{1}{2}y^2\right]_0^h}{bh} = \dfrac{h}{2}$

- 断面二次モーメント

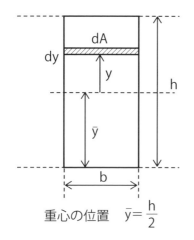

重心の位置　$\bar{y} = \dfrac{h}{2}$

断面二次モーメント　$I = \int y^2 dA$

$dA = bdy$

$I = \int_{-\frac{h}{2}}^{\frac{h}{2}} y^2 bdy$

$= b\left[\dfrac{1}{3}y^3\right]_{-\frac{h}{2}}^{\frac{h}{2}}$

$= \dfrac{1}{12}bh^3$

ポイント

中立軸の位置から y 座標を設定します

例題2 5-7項で示した式③と式④を使って正三角形断面における中立軸の位置（重心の位置）と断面二次モーメントを求めてください。

解答

- 中立軸の位置（重心の位置）

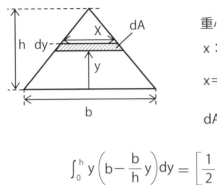

重心の位置　$\bar{y}=\dfrac{\int y\,dA}{A}$

$x:b = h-y:h$

$x = \dfrac{b(h-y)}{h} = b - \dfrac{b}{h}y$

$dA = x \times dy = \left(b - \dfrac{b}{h}y\right)dy$

$$\int_0^h y\left(b - \dfrac{b}{h}y\right)dy = \left[\dfrac{1}{2}by^2 - \dfrac{b}{3h}y^3\right]_0^h = \dfrac{1}{6}bh^2$$

$$\bar{y} = \dfrac{\dfrac{1}{6}bh^2}{\dfrac{1}{2}bh} = \dfrac{1}{3}h$$

- 断面二次モーメント

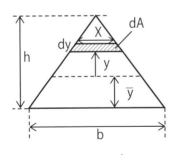

重心の位置　$\bar{y} = \dfrac{h}{3}$

断面二次モーメント

$I = \int y^2\,dA$

$x:b = \dfrac{2}{3}h - y : h$

$x = \dfrac{2}{3}b - \dfrac{b}{h}y$

$dA = x \times dy = \left(\dfrac{2}{3}b - \dfrac{b}{h}y\right)dy$

$$\int_{-\frac{1}{3}h}^{+\frac{2}{3}h} y^2\left(\dfrac{2}{3}b - \dfrac{b}{h}y\right)dy = \left[\dfrac{2}{9}by^3 - \dfrac{b}{4h}y^4\right]_{-\frac{1}{3}h}^{+\frac{2}{3}h} = \dfrac{1}{36}bh^3$$

5-10 曲げ応力を低減させるためには①

ポイント 1. 断面形状をいかに工夫するか？ 2. どのパラメータを変えるのか？ 3. 中立軸をどこにもっていくか？

ここで、もう一度曲げ応力の公式を見てみましょう。

$$\sigma = \frac{M}{I} y \quad \cdots ①$$

式①より下記のことを考えれば曲げ応力を低減し、安全な構造部材を設計することができます。

- 断面二次モーメントを大きくする
- 中立軸からの距離を減らす

曲げモーメントについては外力によって決まるので、この値を変更することはできません。設計者が変更できるのは断面二次モーメントと中立軸の位置です。これらは、断面形状によって決まりますので、曲げ変形に対する設計では、断面形状をいかに工夫するかがポイントになります。2つほどアイデアをお教えします。

①中立軸から一番離れた場所に大きな面積を持つ

建築物の骨格として用いられるH形鋼は、中立軸から一番離れた位置に大きな断面が配置されています。応力は外力を断面積で割った値ですので、断面積が大きいほど応力は小さくなります。中立軸の近傍は曲げ応力が小さいので、素材を減らして断面積を小さくします。つまり、H形鋼を用いることで、軽量かつ曲げ変形に強い骨格を作ることができます。

②引張応力が作用する側に中立軸をずらす

正三角形の断面を有するはりを曲げることを考えてください。中立軸の位置は、三角形の高さの1/3の位置（底面から）にあります。つまり、中立軸から三角形の頂点までの距離は、底面までの距離に比べて2倍長くなっています。したがって、頂点が引張となるように曲げる場合は、底面を引張とする場合よりも曲げ応力が2倍になります。構造部材の破壊は引張応力によって引き起こされるので、断面形状を工夫して引張側に中立軸を近づけることで応力を低減して破壊を防止することができます。同じ断面形状でも曲げる方向によって部材の壊れやすさが異なるので注意してください。

曲げ応力を低減させるためには

$$\sigma = \frac{M}{I} y \begin{cases} \text{①曲げモーメント M を小さくする} \\ \text{②断面二次モーメント I を大きくする} \\ \text{③中立軸からの距離 y を小さくする} \end{cases}$$

①→外力を小さくする
②、③→断面形状の工夫

応力低減のための断面形状

①中立軸から一番離れた所に
　大きな面積を持つと良い

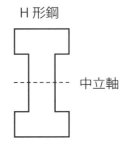

②引張応力が作用する側へ
　中立軸をずらす

　　$y_2 < y_1$

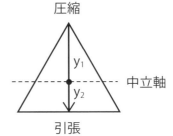

5-11 曲げ応力を低減させるためには② (例題)

例題 下図の断面を持つ同じ材質、同じ長さのはりがあります。両者の断面積が等しい場合、どちらのはりが丈夫でしょうか。

解答 はりの断面積は等しいので、使う材料の体積は同じです。材料費が同じ場合に中実棒とパイプ（中空棒）のどちらを選択すればいいでしょうか。両者に同じ曲げモーメントが負荷された場合に生じる曲げ応力を比較します。曲げ応力が小さければ、丈夫であると判断します。

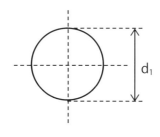

(a) 中実棒

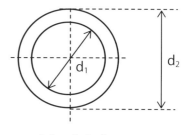

(b) パイプ

解答

曲げ応力　$\sigma = \dfrac{M}{I} y$

$\dfrac{I}{y} = Z$ とすると、$\sigma = \dfrac{M}{Z}$

Z：断面係数

Mが等しいので、Zを比較する
断面積が等しいので、

$\dfrac{\pi}{4} d_1^2 = \dfrac{\pi}{4} (d_2^2 - d_1^2)$

$d_2 = \sqrt{2}\, d_1$

図（a）中実棒の断面係数は、 $Z_a = \dfrac{\pi}{32} d_1^3$

図（b）パイプの断面係数は、

$Z_b = \dfrac{\pi}{32} \cdot \dfrac{d_2^4 - d_1^4}{d_2}$

$d_2 = \sqrt{2}\, d_1$ を代入して d_2 を消去すると

$= \dfrac{\pi}{32} \cdot \dfrac{3 d_1^3}{\sqrt{2}}$

$\sigma_a = \dfrac{M}{\dfrac{\pi}{32} d_1^3} \qquad \sigma_b = \dfrac{M}{\dfrac{\pi}{32} \dfrac{3 d_1^3}{\sqrt{2}}}$

$\sigma_a : \sigma_b = 1 : \dfrac{\sqrt{2}}{3}$

$\qquad \qquad \fallingdotseq 1 : 0.47$

（b）パイプの方が丈夫で、最大曲げ応力が半分以下

以上の計算結果から、同じ体積（今回の場合は重量も同じ）で、パイプの方が中実棒より曲げ応力が半分以下になります。ただし、パイプの外径は中実棒の約1.4倍になります。曲げ変形において、中立軸では応力が0（ゼロ）になります。したがって、中立軸付近の材料を除いた中空形状のパイプを使用することで曲げ応力を低減することができます。

5-12 曲げ応力の式を導出してみよう

ポイント 1. 曲げ変形における内部の応力分布は？ 2. 曲げ応力の式の導出過程は？ 3. 断面二次モーメントの定義は？

　曲げ応力の式はどのようにして導出されるか考えてみましょう。下図においてはりに曲げモーメントMが作用して、下に凸の形状に曲がっています。曲がった形状は円弧であり、曲率半径をρとします。中立軸の位置はPQで、中立軸よりも内側にP'Q'、外側にP"Q"を設定します。曲げ変形の前後で中立軸PQの長さは変化しません。曲げられた後のそれぞれの長さは以下の通りです。

　PQ = $\rho\theta$
　P'Q' = $(\rho - y)\theta$
　P"Q" = $(\rho + y)\theta$

中立軸の内側は曲げる前よりも長さが短く、外側では長くなります。したがって、中立軸の内側では圧縮応力、外側では引張応力が作用します。

　曲げ応力の公式の導出過程は以下の通りです。
①中立軸から離れた場所におけるひずみを求める。
②フックの法則から応力を求める。
③全体の曲げモーメントは微小部分に働く応力によって生じるモーメントの総和に等しいと考えて式を変形する。順番に計算していきましょう。

下に凸の曲がった形状から考える

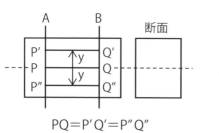

PQ=P'Q'=P"Q"

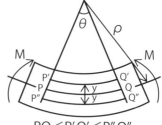

PQ<P'Q'<P"Q"

中立軸上のPQの長さは曲げても変わらない

①中立軸から y の距離におけるひずみを求める（引張側）

$$\varepsilon = \frac{\Delta l\,(\text{伸びた長さ})}{l\,(\text{もとの長さ})} = \frac{\widehat{P''Q''} - \widehat{PQ}}{\widehat{PQ}}$$

$\widehat{PQ} = \rho\theta \quad \widehat{P''Q''} = (\rho+y)\theta$ より

$$\varepsilon = \frac{(\rho+y)\theta - \rho\theta}{\rho\theta} = \frac{y}{\rho}$$

②フックの法則から応力を求める $\sigma = E\varepsilon = E\dfrac{y}{\rho}$

③全体の曲げモーメント＝微小部分に働く応力によって生じる
　　　　　　　　　　モーメントの総和

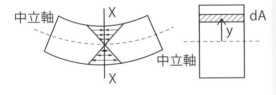

中立軸からの距離によって作用する応力の値は異なる
→微小部分の総和
　　　（積分）

微小部分　　$dM = \sigma\,dA \times y$

全体（総和）$\int dM = \int \sigma\,dA \times y$

$\sigma = E\dfrac{y}{\rho}$ を代入

$M = \dfrac{E}{\rho}\,\boxed{\int y^2 dA}$　断面二次モーメント I

$\dfrac{E}{\rho} = \dfrac{M}{I}$ を②の式へ代入

曲げ応力の式　$\boxed{\sigma = \dfrac{M}{I}y}$

5-13 はりのたわみ量(変形量)を求めよう①

ポイント
1. たわみ曲線とは？　2. たわみ角とは？
3. たわみ曲線の微分方程式の求め方は？

　ここからは、曲げにおいて知りたいことの最後の項目、すなわち、はりのたわみ量（変形量）の求め方について説明していきます。まず、用語の定義について理解してください。図1は、片持はりに荷重が負荷されてはりが曲がった様子を示しています。片持はりの根元にxおよびy座標を設定します。ここでy座標は下向きを正としていることに注意してください。中立軸を通る直線は、曲がった後は曲線になります。この曲線を「たわみ曲線」と呼びます。たわみ曲線におけるy座標が「たわみ量」です。たわみ量yは、はりの位置xの関数で表されます。また、たわみ曲線における接線の傾きθを「たわみ角」と呼びます。したがって、たわみ曲線における関数を微分すればたわみ角θが求まります。このことは非常に重要なので覚えておいてください。

　次に、はりのたわみ曲線に関する微分方程式を求めます。図2は、曲げモーメントMによって下に凸の形状で曲がったはりを示しています。曲がった形状は円弧であり、曲率半径をρとします。場所xとx + dxの両端のたわみ角の差は$d\theta$、それぞれの点における法線の角度差も$d\theta$となります。したがって、次の式が成り立ちます。

$\rho d\theta = ds$ 　…①

ここでたわみ角とたわみ量は微小であると仮定して、

$ds ≒ dx$ 　…②

また、$\tan\theta ≒ \theta$より、座標xにおける接線は下記の式で表されます。

$\dfrac{dy}{dx} = \tan\theta ≒ \theta$（たわみ角）　…③

式①、②、③より

$\dfrac{1}{\rho} = \dfrac{d\theta}{ds} = \dfrac{d\theta}{dx} = \dfrac{d(\dfrac{dy}{dx})}{dx} = \dfrac{d^2y}{dx^2}$ 　…④

ここで　$\dfrac{1}{\rho} = \dfrac{M}{EI}$　（5-12項参照）

よって　$\dfrac{d^2y}{dx^2} = \dfrac{M}{EI}$

ここでy方向は下向き正より、$\dfrac{d^2y}{dx^2} = -\dfrac{M}{EI}$

　たわみ曲線の微分方程式において曲げモーメントMはxの関数で表されます（BMDを思い出してください）。つまりこの方程式をxで1回積分すればたわみ角 $\theta = dy/dx$ が、2回積分すればたわみ量yを求めることができます。

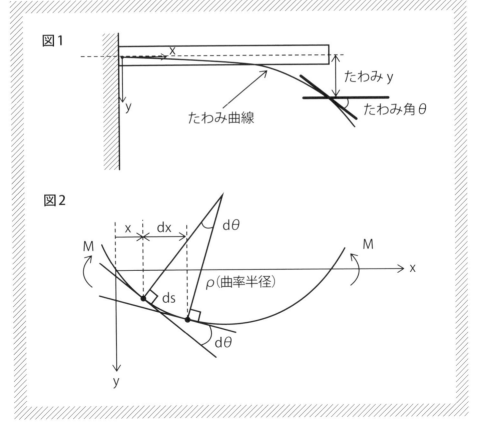

5-14 はりのたわみ量(変形量)を求めよう②(例題)

例題1 下図に示す片持はり(長さL)の端部にFの外力が負荷されています。このときのたわみ曲線の式を求めてください。ここではりの弾性率をE、断面二次モーメントをIとします。

解答 たわみ曲線の微分方程式を解けば、たわみ曲線の式が求まります。その際に注意することは、曲げモーメントの式を間違えないことです。また、たわみ曲線の関数を求めるときに2個の積分定数が出てきます。この定数を決定するために必要な条件が「境界条件」です。境界条件は支点における変形条件や変形の連続条件によって求めることができます。この例題における境界条件は、片持はりの根元($x=0$の位置)において、たわみ角$\theta=0$、たわみ量$y=0$です。未知数(積分定数)が2個あるので、境界条件も2個見つけなければたわみ曲線の式を求めることはできません。ここが重要なポイントです。

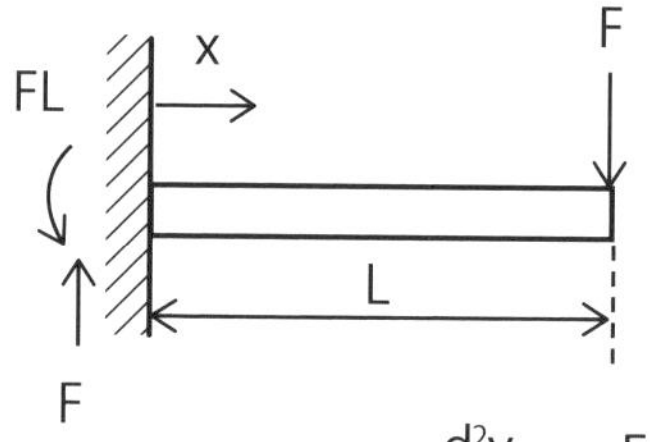

任意の点xにおける曲げモーメント$M(x)$
$M = Fx - FL$

$$\frac{d^2y}{dx^2} = \frac{F}{EI}(L-x)$$

1回目積分
$$\frac{dy}{dx} = \frac{F}{EI}\left(Lx - \frac{1}{2}x^2 + C_1\right)$$

2回目積分
$$y = \frac{F}{EI}\left(\frac{1}{2}Lx^2 - \frac{1}{6}x^3 + C_1 x + C_2\right)$$

C_1、C_2:積分定数

$x=0$ で $\theta=0$、$y=0$ この条件が重要!!

$$\theta = \frac{dy}{dx} = \frac{F}{EI}\left(L\times 0 - \frac{1}{2}\times 0^2 + C_1\right) = 0$$

よって$C_1 = 0$

$$y = \frac{F}{EI}\left(\frac{1}{2}L \times 0^2 - \frac{1}{6} \times 0^3 + 0 + C_2\right)$$

よって $C_2 = 0$

たわみ曲線の式　$y = \frac{F}{EI}\left(\frac{1}{2}Lx^2 - \frac{1}{6}x^3\right) = \frac{Fx^2}{6EI}(3L - x)$

例題 2　下図に示す両端支持はり（長さL）の中央にFの外力が負荷されています。このときのたわみ曲線の式を求めてください。ここではりの弾性率をE、断面二次モーメントをIとします。

解答　AC間の曲げモーメントを求めて、たわみ曲線の微分方程式を解きます。境界条件は、はりの端部A点におけるたわみ量が0（x＝0でy＝0）、とはりの中央C点におけるたわみ角が0（x＝L/2でθ＝0）です。境界条件は、はりの支持点や外力の状態によって変わるので注意してください。

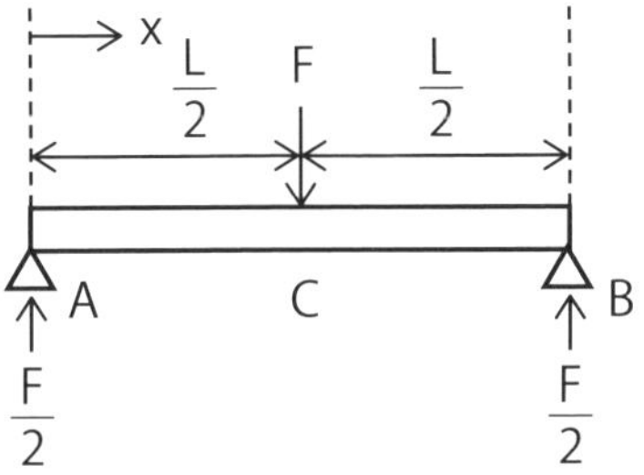

AC間の任意の点xにおける曲げモーメントMは

$$M = \frac{F}{2}x$$

$$\frac{d^2y}{dx^2} = -\frac{F}{2EI}x$$

1回目積分　$\dfrac{dy}{dx} = -\dfrac{F}{4EI}x^2 + C_1$

2回目積分　$y = -\dfrac{F}{12EI}x^3 + C_1 x + C_2$　　C_1, C_2：積分定数

x＝0でy＝0、x＝$\dfrac{L}{2}$でθ＝0　　この条件が重要!!

$$\theta = \frac{dy}{dx} = -\frac{F}{4EI} \times \frac{L^2}{4} + C_1 = 0$$

よって $C_1 = \dfrac{FL^2}{16EI}$

$$y = -\frac{F}{12EI} \times 0^3 + C_1 \times 0 + C_2 = 0$$

よって $C_2 = 0$

たわみ曲線の式　$y = -\dfrac{Fx}{12EI}x^3 + \dfrac{FL^2}{16EI}x = \dfrac{Fx}{12EI}\left(\dfrac{3}{4}L^2 - x^2\right)$

例題3 下図に示す両端支持はり（長さL）の全体にwの等分布荷重が負荷されています。このときのたわみ曲線の式を求めてください。ここではりの弾性率をE、断面二次モーメントをIとします。

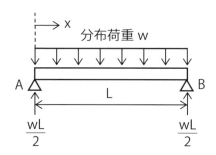

解答 思い出してください。等分布荷重の問題を解く際には集中荷重に置き換えることがポイントです。はり全体に働く力の合計は下向きにwLです。この力がAB間の中央に負荷されていると仮定して問題を解きます。つまり、等分布荷重の負荷領域の中央に集中荷重として全荷重が負荷されていると考えます。集中荷重に置き換えたはりで反力 R_A と R_B を求めます。

- 力のつり合い

　$R_A + R_B - wL = 0$（上向き：正）　…①

- モーメントのつり合い（A点まわり）

　$wL \times L/2 - R_B \times L = 0$（右回り：正）　…②

式①と式②より $R_A = R_B = wL/2$ になります。

次に、区間ABにあるX点における曲げモーメントを考えます。X点の左側には距離xの場所A点に上向き（正）にwL/2、そして区間AXの全域に分布荷重が作用しています。分布荷重を集中荷重に置き換えて、区間AXの中央部すなわちA点から距離x/2の点にwxの荷重が負荷されていると考えます。したがって、曲げモーメントMは下記の式で表されます。

　$M = (wL/2)x - (w/2)x^2$

この曲げモーメントの式をたわみ曲線の微分方程式に代入して、問題を解いてください。

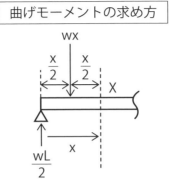

曲げモーメントの求め方

任意の点 x における曲げモーメント M は

$$M = \frac{wL}{2}x - \frac{w}{2}x^2$$

$$\frac{d^2y}{dx^2} = \frac{w}{2EI}(x^2 - Lx)$$

1回目積分　　$\dfrac{dy}{dx} = \dfrac{w}{2EI}\left(\dfrac{x^3}{3} - \dfrac{L}{2}x^2 + C_1\right)$

2回目積分　　$y = \dfrac{w}{2EI}\left(\dfrac{x^4}{12} - \dfrac{L}{6}x^3 + C_1 x + C_2\right)$

x=0 で y=0、x=$\dfrac{L}{2}$ で θ=0　　この条件が重要!!

$$\theta = \frac{dy}{dx} = \frac{w}{2EI}\left(\frac{L^3}{24} - \frac{L^3}{8} + C_1\right) = 0$$

よって $C_1 = \dfrac{L^3}{12}$

$$y = \frac{w}{2EI}\left(\frac{1}{12} \times 0^4 - \frac{L}{6} \times 0^3 + C_1 \times 0 + C_2\right) = 0$$

よって $C_2 = 0$

たわみ曲線の公式　$y = \dfrac{w}{2EI}\left(\dfrac{x^4}{12} - \dfrac{L}{6}x^3 + \dfrac{L^3}{12}x\right)$

$$= \frac{wx}{24EI}(x^3 - 2Lx^2 + L^3)$$

例題 4 下図に示す片持はり（長さL）の全体にwの等分布荷重が負荷されています。このときのたわみ曲線の式を求めてください。ここではりの弾性率をE、断面二次モーメントをIとします。

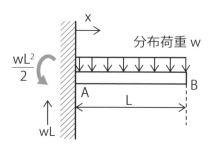

解 答 例題3と同様に、等分布荷重の問題を解く際には集中荷重に置き換えてください。はり全体に働く力の合計は下向きにwLです。この力がAB間の中央に負荷されていると仮定して問題を解きます。つまり、等分布荷重の負荷領域の中央に集中荷重として全荷重が負荷されていると考えます。集中荷重に置き換えたはりで反力Rと反モーメントM_Rを求めます。

- 力のつり合い

  R − wL = 0（上向き：正） …①

- モーメントのつり合い（A点まわり）

  wL × L/2 − M_R = 0（右回り：正） …②

  式①と式②よりR = wL、M_R = $(wL^2)/2$になります。

次に、区間ABにあるX点における曲げモーメントを考えます。X点の左側には距離xの場所A点に上向き（正）にwL、そして区間AXの全域に分布荷重が働いています。そして、A点に左向き（負）の曲げモーメント$(wL^2)/2$が作用しています。分布荷重を集中荷重に置き換えて、区間AXの中央部すなわちA点から距離x/2の点にwxの荷重が負荷されていると考えます。したがって、曲げモーメントMは下記の式で表されます。

  M = wLx − $(w/2)x^2$ − $(wL^2)/2$

この曲げモーメントの式をたわみ曲線の微分方程式に代入して、問題を解いてください。

> 曲げモーメントの求め方

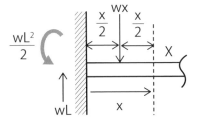

任意の点 x における曲げモーメント M は

$$M = wLx - \frac{w}{2}x^2 - \frac{wL^2}{2}$$

$$\frac{d^2y}{dx^2} = \frac{w}{2EI}(x^2 + L^2 - 2Lx)$$

1回目積分　　$\dfrac{dy}{dx} = \dfrac{w}{2EI}\left(\dfrac{1}{3}x^3 + L^2x - Lx^2 + C_1\right)$

2回目積分　　$y = \dfrac{w}{2EI}\left(\dfrac{1}{12}x^4 + \dfrac{L^2}{2}x^2 - \dfrac{L}{3}x^3 + C_1x + C_2\right)$

> x=0 で θ=0、y=0　　この条件が重要!!

$$\theta = \frac{dy}{dx} = \frac{w}{2EI}\left(\frac{1}{3}\times 0^3 + L^2\times 0 - L\times 0^2 + C_1\right) = 0$$

よって $C_1 = 0$

$$y = \frac{w}{2EI}\left(\frac{1}{12}\times 0^4 + \frac{L^2}{2}\times 0^2 - \frac{L}{3}\times 0^3 + 0 + C_2\right) = 0$$

よって $C_2 = 0$

たわみ曲線の公式　$y = \dfrac{w}{2EI}\left(\dfrac{1}{12}x^4 + \dfrac{L^2}{2}x^2 - \dfrac{L}{3}x^3\right)$

$$= \frac{wx^2}{24EI}(x^2 + 6L^2 - 4Lx)$$

例題 5 下図のはりでB点（x＝L）のたわみ量はA点（x＝L/2）のたわみ量の何倍になるか計算してください。

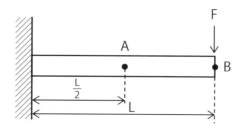

解 答 例題1で求めた、たわみ曲線の式を使って計算してください。
下記のように計算して3.2倍になります。

$y = \dfrac{Fx^2}{6EI}(3L-x)$

$x = \dfrac{L}{2}$ のとき

$y_A = \dfrac{F}{6EI} \times \left(\dfrac{L}{2}\right)^2 \times \left(3L - \dfrac{L}{2}\right)$

$= \dfrac{5}{48} \dfrac{FL^3}{EI}$

$x = L$ のとき

$y_B = \dfrac{P}{6EI} \times (L)^2 \times (3L-L)$

$= \dfrac{1}{3} \dfrac{FL^3}{EI}$

よって $\dfrac{y_B}{y_A} = \dfrac{1}{3} \times \dfrac{48}{5} = \dfrac{16}{5} = 3.2$（倍）

例題6 下図の両端支持はりの最大たわみ y_{max} を求めてください。はりの材質は鉄鋼です（弾性率 E ＝ 206GPa）。

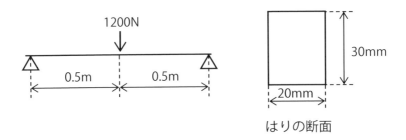

はりの断面

解答 例題2で求めた、たわみ曲線の式を使って計算してください。
下記のように計算して、2.7mmになります。

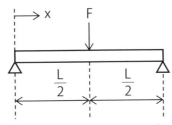

最大たわみ y_{max} は中央（$x = \dfrac{L}{2}$）で生じる

$$y = \dfrac{Fx}{12EI}\left(\dfrac{3}{4}L^2 - x^2\right)$$

$x = \dfrac{L}{2}$ を代入

$$\begin{aligned}
y_{max} &= \dfrac{1}{48}\dfrac{FL^3}{EI} \\
&= \dfrac{1200 \times 1^3}{48 \times 206 \times 10^9 \times 45 \times 10^{-9}} \\
&= 2.7 \times 10^{-3}\,(m) \\
&= 2.7\,(mm)
\end{aligned}$$

F ＝ 1200（N）
L ＝ 1（m）

E ＝ 206（GPa）
　＝ 206 × 10^9（N/m^2）

$I = \dfrac{1}{12} \times (20 \times 10^{-3}) \times (30 \times 10^{-3})^3$
　＝ 45 × 10^{-9}（m^4）

第5章 曲げ変形を理解しよう

5-15 曲げ変形における剛性①

ポイント
1. 曲げ剛性の式は？　2. どのパラメータが効くのか？
3. 曲げ剛性を高めるためには？

5-14項の例題でたわみ曲線の式を求めました。右図に、最大たわみ量とたわみ量が最大になる位置を示します。ここで、たわみ量の最大値y_{max}は下記の式で表されることに注目してください。

$y_{max} = a(L^3/EI)F$ …①

式①における係数aの値は異なっていますが、その後の$(L^3/EI)F$という形は、まったく同じです。2-2項で説明した剛性の式を思い出してください。曲げ変形においても外力（荷重）をF、たわみ量（曲げ変形量）をXとすると、下記の式が成り立ちます。

$F = kX$ …②

ここで式①のaを除いて変形すると下記の式になります。

$F = (EI/L^3)X$ …③

式②と式③を比較してください。バネ定数kに相当するEI/L^3が「曲げ剛性」になります。この式から構造部材の曲げ変形における剛性をいかに高めていくか、つまりどのようにして変形しづらい構造体を設計していくか考えるヒントが得られます。

曲げ剛性を高めるには、断面二次モーメントIを大きく、長さLを短く、そして材料の弾性率Eを大きくすればよいことがわかります。5-7項で示した断面二次モーメントの式をもう一度見直してください。どのような形状でも断面二次モーメントは長さの4乗という次元を持っています。例えば円形断面の断面二次モーメントは$\pi d^4/64$なので、丸棒の直径を2倍にすれば曲げ剛性は$2^4 = 16$倍になります。長さは3乗で効いてくるので、長さを1/2にすれば曲げ剛性は$2^3 = 8$倍になります。一方、材料を置換して弾性率を2倍にしても曲げ剛性は2倍にしかなりません。曲げ剛性に関するパラメータの影響度は、①断面形状、②長さ、③材質（弾性率）の順になります。材料を置換するよりも形状を変更するほうが有効であることがわかります。特に断面形状を工夫すれば最小の寸法変更で曲げ剛性を飛躍的に大きくすることができます。曲げ変形を受ける構造部材の設計においても剛性の式を活用してください。

はりの種類	最大たわみ量	たわみ量が最大になる位置
片持ちはり、集中荷重	$\dfrac{1}{3}\dfrac{L^3}{EI}F$	自由端 ($x=L$)
片持ちはり、等分布荷重	$\dfrac{1}{8}\dfrac{L^3}{EI}F$	自由端 ($x=L$)
両端支持はり、集中荷重	$\dfrac{1}{48}\dfrac{L^3}{EI}F$	中央 $\left(x=\dfrac{L}{2}\right)$
両端支持はり、等分布荷重	$\dfrac{5}{384}\dfrac{L^3}{EI}F$	中央 $\left(x=\dfrac{L}{2}\right)$

曲げ剛性 $\dfrac{EI}{L^3}$

5-16 曲げ変形における剛性②(例題)

例題1 身近な例で曲げ剛性を考えてみましょう。定規を準備してください。下図のように、定規を横にしたら簡単に曲げることができます。一方、縦にしたら曲げることは困難です。この曲げにくさ、つまり曲げ剛性はどのぐらい違うでしょうか。定規の厚みは1mm、幅は30mmとします。

解答 曲げ剛性はEI/L^3です。同じ定規を使用して曲げる方向だけ変えるので、長さLと弾性率Eは同じです。したがって、曲げ剛性の差は断面二次モーメントIで決まります。定規の断面は長方形なので、断面二次モーメントは$I = bh^3/12$となります。定規を縦にして曲げる場合と横にして曲げる場合では断面の幅bと高さhが異なります。縦にして曲げる場合の剛性は、横の場合に比べて900倍(!)になります。

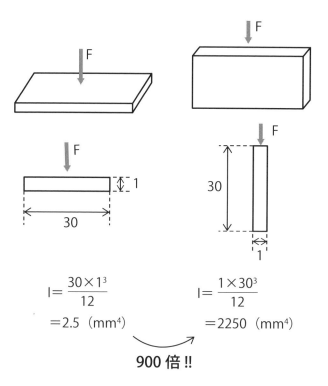

$$I = \frac{30 \times 1^3}{12} = 2.5 \ (\text{mm}^4)$$

$$I = \frac{1 \times 30^3}{12} = 2250 \ (\text{mm}^4)$$

900倍!!

例題2 鉄鋼とアルミニウム合金で同一長さ、同一断面形状（正方形）のはり部材を作ります。曲げ剛性を等しくする場合の重量比とコスト比を計算しましょう。各材料の弾性率、密度、価格は次の通りです。

	弾性率（kgf/mm^2）	密度（g/cm^3）	価格（¥/kg）
鉄鋼	21000	7.8	70
アルミニウム合金	7000	2.7	700

解答 曲げ剛性はEI/L^3、正方形断面の断面二次モーメントは一辺の長さをtとしてt^4/12です。同一長さなので曲げ剛性はEIで決定されます。

アルミニウム合金の弾性率は鉄鋼の1/3なので、アルミニウム合金を用いたはりで鉄鋼と同じ曲げ剛性を得るためには断面二次モーメントを3倍にする必要があります。つまり、t^{4}の項を3倍にするのでアルミニウム合金の断面積は鉄鋼の$\sqrt{3}$倍になります。

鉄鋼からアルミニウム合金に置換

アルミ：長さ一定で断面積$(\sqrt[4]{3})^2 = \sqrt[2]{3} ≒ 1.73$倍
長さ一定なので体積が1.73倍になる

比率	鉄	アルミ
体積	1	1.73
密度	1	0.35
価格	1	10

重量比　鉄：アルミ＝（1×1）：（1.73×0.35）＝1：0.6
コスト比　鉄：アルミ＝（1×1×1）：（1.73×0.35×10）＝1：6

同一の曲げ剛性を保持して鉄鋼からアルミニウム合金に置換した場合、40%の軽量化を実現することができますが、コストは6倍になります。材料力学を活用すれば、このような実務に即した試算を行うことができます。

5-17 複雑なはりの問題を簡単に解く方法

ポイント 1. 重ね合せの原理とは？ 2. 曲げ変形における不静定問題とは？ 3. 不静定問題の解き方は？

　本項では、複雑なはりの問題を簡単に解く方法を解説します。重ね合せの原理を理解して、はりの曲げ変形に関する不静定問題を簡単に解く方法をマスターしましょう。

例題1 下図の片持はりにおいて、自由端のたわみ量を求めてください。ここではりの弾性率をE、断面二次モーメントをIとします。

解答 注意しなければならないことは、はりには2種類（等分布荷重wと集中荷重F）の荷重が負荷されているという点です。このような場合は、「重ね合せの原理」を用いて問題を解きます。重ね合せの原理とは、「はりに複数の荷重が負荷されているときのたわみ量や応力・ひずみ状態は、それぞれの荷重が単独に負荷された場合の和に等しい」ということです。つまり、下図の片持はりにおける自由端のたわみ量は、等分布荷重wと集中荷重Fが単独に作用した場合のたわみ量をそれぞれ計算して足し合せれば求まります。

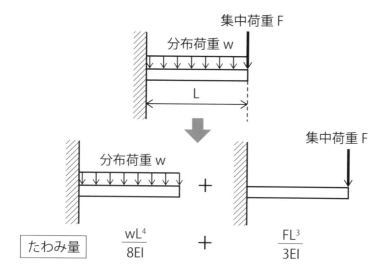

例題2 下図の片持はりの自由端におけるたわみ量を求めてください。はりの断面形状は長方形であり、幅は20mm、高さが30mmです。また、はりの材質はアルミニウム合金（弾性率E＝68.6GPa）です。

解答 重ね合せの原理を使って、2つの集中荷重が単独に作用した場合のたわみ量を求めて足し合せます。たわみ量は、14.3mmになります。

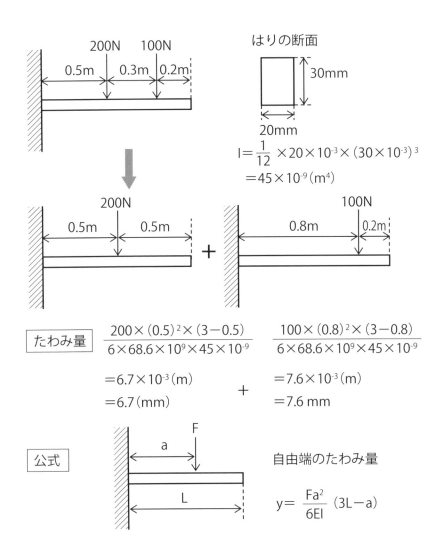

例題3 下記の両端支持はりにおいて中央（x＝L/2）のたわみを求めてください。ここではりの弾性率をE、断面二次モーメントをIとします。

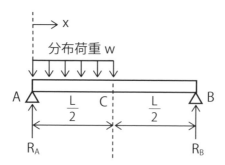

解 答 ①たわみ曲線の微分方程式を解く、②重ね合せの原理を使って解く、という2通りの解法があります。順番に解説します。
①たわみ曲線の微分方程式を解く

等分布荷重の問題を解く際には集中荷重に置き換えることがポイントです。はり全体に働く力の合計は下向きにwL/2です。この力がAC間の中央に負荷されていると仮定して反力R_AとR_Bを求めます。

- 力のつり合い

  $R_A + R_B - wL/2 = 0$（上向き：正）　…①

- モーメントのつり合い（A点まわり）

  $wL/2 \times L/4 - R_B \times L = 0$（右回り：正）　…②

  式①と式②より$R_A = 3wL/8$、$R_B = wL/8$になります。

次に、区間ACにあるX点における曲げモーメントを考えます。X点の左側には距離xの場所A点に上向き（正）に3wL/8、そして区間AXの全域に分布荷重が作用しています。分布荷重を集中荷重に置き換えて、区間AXの中央部すなわちA点から距離x/2の点にwxの荷重が負荷されていると考えます。したがって、AC間の曲げモーメントM_{AC}は下記の式で表されます。

$M_{AC} = (3wL/8)x - (w/2)x^2$

また、区間CBにあるX点における曲げモーメントを考えます。X点の左側には距離xの場所A点に上向き（正）に3wL/8、そして区間ACの全域に分布荷重が作用しています。分布荷重を集中荷重に置き換えて、区間ACの中央部すなわちA点から距離L/4の点にwL/2の荷重が負荷されていると考えます。したがって、CB間の曲げモーメントM_{CB}は次の式で表されます。

$M_{CB} = -(wL/8)x + wL^2/8$

　AC間、CB間のモーメントM_{AC}とM_{CB}を使ってたわみ曲線の微分方程式を2つ解きます。したがって、4個の積分定数が出てきます。この積分定数をすべて求めるためには下記の4つの境界条件が必要です。

①$x = 0$で$y_{AC} = 0$
②$x = L$で$y_{CB} = 0$
③$x = L/2$でAC間のたわみ角とCB間のたわみ角が等しい　$\theta_{AC} = \theta_{CB}$
④$x = L/2$でAC間のたわみ量とCB間のたわみ量が等しい　$y_{AC} = y_{CB}$

　③と④は変形の連続条件です。微分方程式を解くと、AC間とCB間のたわみ曲線の方程式が得られます。それぞれの式に$x = L/2$を代入するとたわみ量が求まります。

曲げモーメントの求め方

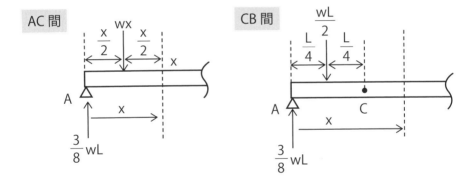

AC間の任意の点xにおける曲げモーメントは

$$M_{AC} = \frac{3wL}{8}x - \frac{w}{2}x^2$$

$$\frac{d^2y}{dx^2} = \frac{w}{8EI}(4x^2 - 3Lx)$$

1回目積分　　$\theta_{AC} = \dfrac{dy}{dx} = \dfrac{w}{8EI}\left(\dfrac{4}{3}x^3 - \dfrac{3L}{2}x^2 + C_1\right)$

2回目積分　　$y_{AC} = \dfrac{w}{8EI}\left(\dfrac{1}{3}x^4 - \dfrac{L}{2}x^3 + C_1x + C_2\right)$

第5章　曲げ変形を理解しよう

CB間の任意の点xにおける曲げモーメントは

$$M_{CB} = -\frac{wL}{8}x + \frac{wL^2}{8}$$

$$\frac{d^2y}{dx^2} = \frac{w}{8EI}(Lx - L^2)$$

1回目積分　$\theta_{CB} = \frac{dy}{dx} = \frac{w}{8EI}\left(\frac{L}{2}x^2 - L^2x + C_3\right)$

2回目積分　$y_{CB} = \frac{w}{8EI}\left(\frac{L}{6}x^3 - \frac{L^2}{2}x^2 + C_3x + C_4\right)$

> $x=0$ で $y_{AC}=0$、$x=L$ で $y_{CB}=0$
> $x=\frac{1}{2}$ で $\theta_{AC}=\theta_{CB}$、$y_{AC}=y_{CB}$

この条件が重要!!

上記の境界条件より　$C_1 = \frac{3}{16}L^3$　$C_2 = 0$

$$C_3 = \frac{17}{48}L^3 \quad C_4 = \frac{1}{48}L^4$$

$$\begin{cases} y_{AC} = \dfrac{w}{8EI}\left(\dfrac{1}{3}x^4 - \dfrac{L}{2}x^3 + \dfrac{3L^3}{16}x\right) \\ y_{CB} = \dfrac{w}{8EI}\left(\dfrac{L}{6}x^3 - \dfrac{L^2}{2}x^2 + \dfrac{17L^3}{48}x - \dfrac{L^4}{48}\right) \end{cases}$$

それぞれの式に $x = \frac{L}{2}$ を代入

$$y_{AC} = y_{CB} = \frac{5wL^4}{768EI}$$

②重ね合せの原理を使って解く

　みなさんは、たわみ曲線の微分方程式を解くことができたでしょうか。特に積分定数の計算は厄介ですが、自分で算出してください。ここでは、重ね合せの原理を使った解答を示します。

　例題3の両端支持はりをもう一度よく見てください。この問題を重ね合せの原理を使って解くには、どのような分布荷重が作用したはりに分解すればいいでしょうか。右図の（a）、（b）に示す2つのはりを重ね合せると例題3のはり

になります。ここで、図（a）における中央のたわみ量は、5-15項で示した公式で求めることができます。図（b）における分布荷重が反対称形であることを考えると、中央のたわみ量は0（ゼロ）になります。両者を足し合せれば、答えを得ることができます。このように、重ね合せの原理を活用すれば、複雑なはりの問題を簡単に解くことができます。みなさんも活用してください。

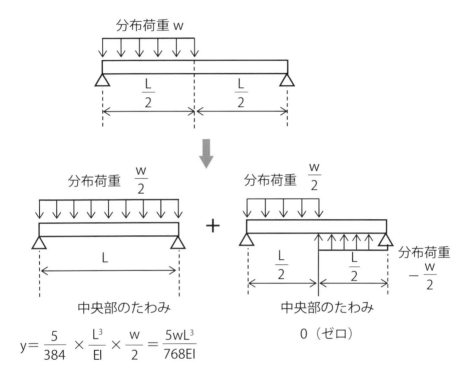

例題4 下図のはりにおいて支持点Bにおける反力Rを求めてください。ここではりの弾性率をE、断面二次モーメントをIとします（5-3項の例題5をもう一度見てください）。

解答

固定端Aにおける反力、反モーメント、支持点Bにおける反力と未知数は3つです。力のつり合いの式とモーメントのつり合いの式だけではこの問題を解くことはできません。このような不静定問題を解くためには変形の条件式が必

要です。

　ここでB点における支点を取り外して反力Rが作用している状態を考えます。片持はりにおいてC点に下向きFの力が、B点に上向きRの力が作用しています。重ね合せの原理を使って、それぞれの力が独立に作用したはりに分解すると、端部Bではりがたわむ方向は、それぞれ逆向きになります。重ね合せた状態における端部Bのたわみ量は0（ゼロ）です。つまり、下向きの力Fによる端部のたわみ量y_Fと上向きの力Rによる端部のたわみ量y_Rが等しければよいのです。この変形の条件式を使ってRを求めることができます。

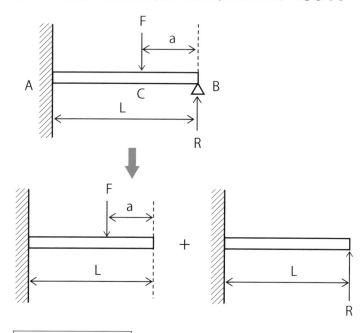

端部Bのたわみ量

$$y_F = \frac{F(L-a)^2}{6EI}(2L+a) \quad y_R = -\frac{RL^3}{3EI}$$

$$y_F + y_R = 0$$

$$\frac{F(L-a)^2}{6EI}(2L+a) - \frac{RL^3}{3EI} = 0$$

$$R = \frac{F(L-a)^2(2L+a)}{2L^3}$$

第5章のまとめ

- はり（梁）の曲げ変形の解析では外力による曲げモーメント）が重要
- 両端支持はり → 2つの回転支点で支えられたはり
  片持はり → 片側を固定支点で支えられたはり（反対側は自由端）
- 曲げ変形の解析の前にやらなければならないこと
  → 支持点における反力と反モーメントを求める
- 曲げ変形において知りたいこと
  ① はりの断面に働く力とモーメント
  - せん断力線図（SFD：Shear Force Diagram）
  - 曲げモーメント図（BMD：Bending Moment Diagram）

  ② はりの表面と内部に生じる曲げ応力
  - 曲げ応力の公式

  $$\sigma = \frac{M}{I}y = \frac{M}{Z}$$

  M：曲げモーメント、I：断面二次モーメント、y：中立軸からの距離
  $Z = I/y$：断面係数

  - 重心の位置　$\bar{y} = \dfrac{\int y dA}{A}$

    A：図形の面積
  - 断面二次モーメント　$I = \int y^2 dA$
  - 曲げ応力を低減させるためには
    a. 中立軸から一番離れた場所に大きな面積を持つ。
    b. 引張応力が作用する側に中立軸をずらす。

  ③ はりのたわみ量（変形量）
  - たわみ曲線の微分方程式解く（境界条件に注意）

  $$\frac{d^2y}{dx^2} = \frac{M}{EI}$$

M：曲げモーメント、E：弾性率、I：断面二次モーメント
●曲げ変形における剛性
　　→　（弾性率×断面二次モーメント）/(長さ)^3
　　断面形状を工夫して曲げ剛性を高める
●複雑なはりの問題（不静定問題）を簡単に解く方法
　　→　重ね合せの原理の活用

ねじり変形を理解しよう

6-1 ねじり変形とは

> **ポイント**
> 1. トルクとねじれ角とは？　2. ねじり剛性とは？
> 3. ねじり変形における3つの基礎式は？

　丸棒の片側A点を固定して反対側のB点に半径方向に垂直に外力Fを負荷します。この棒は、$T = F \times R$（R：丸棒の半径、回転軸OからB点までの距離）のモーメントが負荷されてねじれます。このねじりモーメントTを「トルク」と呼びます。変形前に丸棒の側面にABの線を描きます。この線はねじり変形後にAB'に移ります。OBとOB'のなす角度θを「ねじれ角」と呼びます。ねじり変形を受ける丸棒の表面と内部にはせん断応力とせん断ひずみが生じます。この点はねじり変形の特徴なので覚えておいてください。

　右図にねじり変形の解析における全体像を示します。外力によって丸棒に作用するトルクT（ねじりモーメント）とねじれ角θ（変位）の関係は$T = k\theta$と表すことができ、バネ定数kが「ねじり剛性」です。ねじり変形の解析では引張・圧縮変形の場合と同様に3つの基礎式があります。

- トルクTとせん断応力τの関係　→　モーメントのつり合い
- せん断応力τとせん断ひずみγの関係　→　フックの法則
- せん断ひずみγとねじれ角θの関係　→　せん断ひずみの定義

　これらの3つの式を組み合わせて、ねじり剛性を求めることができます。

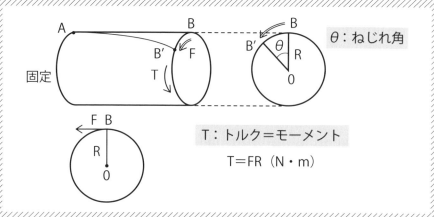

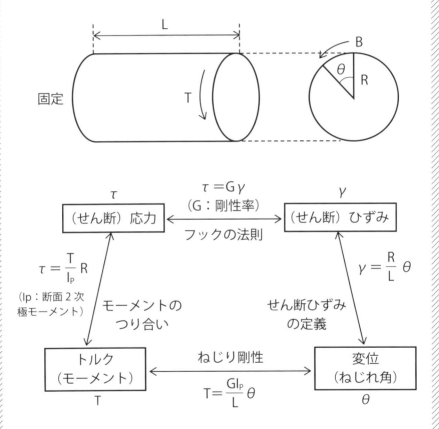

ねじり変形の全体像

6-2 せん断ひずみの定義とフックの法則

ポイント 1. せん断ひずみの定義は？ 2. せん断変形におけるフックの法則とは？ 3. 剛性率Gと弾性率Eの関係は？

長さLで半径Rの丸棒の片側を固定してねじり変形を与えます。軸におけるABの線はAB'へ移動します。この丸棒の側面表面を展開するとトルクTによって四角形AABBが、平行四辺形AAB'B'へ変形することがわかります。せん断ひずみの定義（3-1項参照）から以下の式を得ることができます。

$\gamma = R\theta/L = \tan\phi \fallingdotseq \phi$ …①

式①がせん断ひずみγとねじれ角θの関係です。ここでϕを「せん断角」と呼びます。

せん断応力τとせん断ひずみγの間には下記のフックの法則が成り立ちます。

$\tau = G\gamma$ …②

Gは「剛性率」と呼ばれます。引張試験から得られる応力-ひずみ線図では、応力は垂直応力、ひずみは垂直ひずみを表しています。剛性率Gを求めるためには、ねじり試験を行います。ねじり試験によって得られるデータはT（トルク）-θ（ねじれ角）線図です。弾性域における直線の傾きはねじり剛性の式GI_p/Lを表しています。断面二次極モーメントI_pは試験片の断面形状によって決まるパラメータであり、Lは試験片の長さですので、線図の傾きから剛性率Gを求めることができます。

引張試験で得られる弾性率Eとねじり試験で得られる剛性率Gの間には次の関係が成り立っています。

$G = E/2(1+\nu)$ …③

νは「ポアソン比」と呼ばれ、金属材料であれば$\nu=0.3$です。鉄鋼やアルミニウム合金の剛性率Gは弾性率Eを2.6で割った値となります。アルミニウム合金の弾性率は鉄鋼の1/3なので、剛性率も同様に1/3です。すなわち、同様の形状の丸棒の材質を鉄鋼からアルミニウム合金に置換したらねじり剛性が1/3になることがわかります。材料の置換によって構造部材のねじり剛性は変化しますが、同じ剛性を維持するためには、断面形状か長さを変更する必要があります。

せん断ひずみ

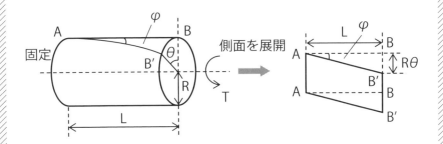

ねじり変形におけるフックの法則

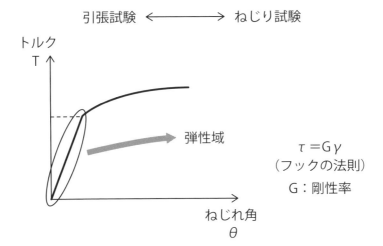

6-3 ねじり変形におけるせん断応力の求め方

ポイント 1. ねじり変形におけるせん断力の式は？ 2. せん断力の導出方法は？ 3. 断面二次極モーメントの定義は？

丸棒にねじり変形を与えると、表面と内部にせん断応力が生じます。せん断応力の式は次の通りです。

$$\tau = \frac{T}{I_P} r \quad \cdots ①$$

ここで、Tはトルク、Ipは断面二次極モーメント、rは丸棒の中心からの距離です。式①から、ねじり変形を受ける丸棒において中心のせん断応力は0（ゼロ）です。また、中心から表面に向かってせん断応力が大きくなっていき、表面で最大となることがわかります。

式①は外力によるトルクと丸棒に生じる内力によるモーメントのつり合いから導かれます。導出過程で断面二次極モーメントIpが下記の式で定義されます。

$$I_P = \int r^2 dA \quad \cdots ②$$

断面二次「極」モーメントIpは曲げ応力の公式で出てきた断面二次モーメントIと値が異なることに注意してください。中実棒とパイプの断面二次極モーメントを左図に示します。

せん断応力

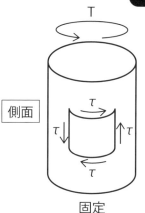

- 中心Oからの距離に比例して分布
- 外周で最大
- 中心部でゼロ

モーメントのつり合い（トルクとせん断力）

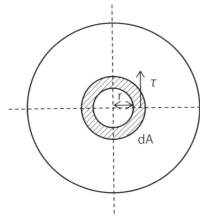

全トルク＝微小部分の
モーメントの総和

$T = \int \tau \cdot dA \cdot r$

ここで式②、③より

$\tau = G\gamma = G\dfrac{r}{L}\theta$

代入すると

$T = \dfrac{G\theta}{L}\int r^2 dA$

ここで $\int r^2 dA = I_p$ とする

$T = \dfrac{G\theta}{L} I_p$

$\theta = \dfrac{L\tau}{Gr}$ より $T = \dfrac{I_p \tau}{r}$

$$\tau = \dfrac{T}{I_p} r$$

断面二次極モーメント

円形（中実棒）　　円形（パイプ、中空棒）

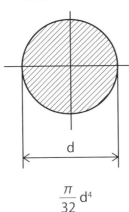

$\dfrac{\pi}{32} d^4$　　　　$\dfrac{\pi}{32}(d_2^4 - d_1^4)$

第6章 ねじり変形を理解しよう

6-4 ねじり変形量を計算してみよう（例題）

例題1 下図の中実棒にトルクを負荷してねじり変形を与えます。棒の長さは1mで材質は鉄鋼（G=80GPa）です。許容せん断応力を40MPaと設定したときに、この棒の直径Dを決定してください。また、そのときのねじれ角θを求めてください。

解答 中実棒の中心から0.5m離れた位置に500Nの外力を負荷しているので、この棒には$500 \times 0.5 = 250$（N・m）のトルク（ねじりモーメント）が作用しています。せん断応力の公式から、中実棒の直径を決定します。その後にねじれ角を計算します。ねじれ角の計算で注意しなければならないことは、算出されたねじれ角の単位がラジアン（rad）である点です。360（°）= 2π（rad）という公式を使って単位を変換してください。

計算すると、ねじれ角θは約1.7°になります。

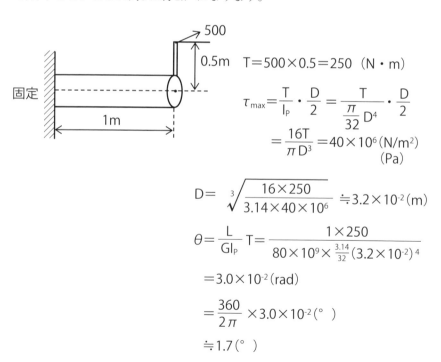

$$T = 500 \times 0.5 = 250 \text{ (N·m)}$$

$$\tau_{max} = \frac{T}{I_P} \cdot \frac{D}{2} = \frac{T}{\frac{\pi}{32}D^4} \cdot \frac{D}{2}$$

$$= \frac{16T}{\pi D^3} = 40 \times 10^6 \text{ (N/m}^2\text{) (Pa)}$$

$$D = \sqrt[3]{\frac{16 \times 250}{3.14 \times 40 \times 10^6}} \fallingdotseq 3.2 \times 10^{-2} \text{ (m)}$$

$$\theta = \frac{L}{GI_P}T = \frac{1 \times 250}{80 \times 10^9 \times \frac{3.14}{32}(3.2 \times 10^{-2})^4}$$

$$= 3.0 \times 10^{-2} \text{ (rad)}$$

$$= \frac{360}{2\pi} \times 3.0 \times 10^{-2} \text{ (°)}$$

$$\fallingdotseq 1.7 \text{ (°)}$$

例題2 長さLの中実棒の両端を固定して、左端から距離aの位置（C点）にトルクTを作用するとき、C点のねじれ角を求めてください。棒の剛性率をG、断面二次極モーメントをI_pとします。

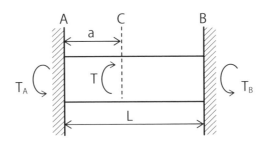

解答 棒の両端は固定されているのでA点とB点にそれぞれ反トルク（反ねじりモーメント）T_A、T_Bが生じます。

- トルク（ねじりモーメント）のつり合い

   $T - T_A - T_B = 0$　…①

　未知数は2つなので、式①だけではこの問題を解くことはできません。このような不静定問題を解くためには変形の条件式が必要です。

　中実棒のAC部分（長さa）はT_Aのトルクで、CB部分（長さL−a）はT_Bのトルクで、それぞれねじられて変形します。C点におけるねじれ角θが等しくなければならないという変形条件を使って問題を解きます。

- 変形条件　　　$\dfrac{aT_A}{GI_p} = \dfrac{(L-a)T_B}{GI_p}$　…②

式①と②より

$$T_A = \dfrac{L-a}{L}T \quad T_B = \dfrac{a}{L}T$$

$$\begin{cases} \theta_{AC} \rightarrow 長さ a、トルク \dfrac{L-a}{L}T \\ \theta_{CB} \rightarrow 長さ L-a、トルク \dfrac{a}{L}T \end{cases}$$

C点のねじれ角

$$\theta_{AC} = \theta_{CB} = \dfrac{a(L-a)T}{GI_p L}$$

6-5 ねじり変形における剛性

ポイント
1. ねじり剛性の式は？ 2. どのパラメータが効くのか？
3. ねじり剛性を高めるためには？

外力によって丸棒に作用するトルクT（ねじりモーメント）とねじれ角θ（変位）の関係は6-1項で示したようにT = (GIp/L) θで表されます。ねじり変形においても外力（トルク）をT、ねじれ角（ねじり変形量）をθとするとT = kθが成り立ちます。したがってバネ定数kに相当するGIp/Lが「ねじり剛性」になります。この式から構造部材のねじり変形における剛性をいかに高めていくか、つまり、どのようにして変形しづらい構造体を設計していくか考えるヒントが得られます。

ねじり剛性を高めるには、断面二次極モーメントIpを大きく、長さLを短く、そして材料の剛性率Gを大きくすればよいことがわかります。中実棒とパイプの断面二次極モーメントは直径の4乗という次元を持っています。例えば中実棒の断面二次極モーメントは$\pi d^4/32$なので、丸棒の直径を2倍にすればねじり剛性は$2^4 = 16$倍になります。一方、長さを1/2に、材料を置換して剛性率を2倍にしてもねじり剛性は2倍にしかなりません。ねじり剛性を高めるためには棒の直径を大きくすることが有効です。ねじり変形を受ける構造部材の設計においても剛性の式を活用してください。

右図の断面を持つ中実棒とパイプの剛性について考えてみましょう。両者の断面積は等しく、同じ長さ、同じ材質とします。断面積が同じなので中実棒とパイプの重量は同じです。ねじり剛性はどちらが大きいでしょうか。

ねじり剛性の式はGIp/Lで表されます。中実棒とパイプの材質、長さは同じなので剛性は断面二次極モーメントIpで決まります。両者の断面積は等しいので、次の式が成り立ちます。

$(\pi/4)d_1^2 = (\pi/4)(d_2^2 - d_1^2)$

$d_2 = \sqrt{2}\,d_1$ …①

中実棒とパイプのIpは下記の通りです。

- 中実棒　Ip = $\pi d_1^4/32$
- パイプ　Ip = $\pi(d_2^4 - d_1^4)/32$

パイプのIpを式①を使って変形するとIp = $3\pi d_1^4/32$となり、中実棒の3倍

のねじり剛性であることがわかります。外径は約1.4倍になりますが、同じ重量で3倍のねじり剛性を得ることができます。このように、パイプを使うことは、軽量かつ剛性の高い構造部材を設計する際に非常に有効な手段です。

　鉄鋼とアルミニウム合金の中実棒（長さは同じ）でねじり剛性を等しくする場合の重量比とコスト比を計算してみましょう。密度（$10^3 kg/m^3$）は鉄鋼7.8、アルミニウム合金2.7、価格（円/kg）は鉄鋼70、アルミニウム合金700とします。

　ねじり剛性はGI_p/L、中実棒の断面二次極モーメントは$\pi d^4/32$です。同一長さなのでねじり剛性はGI_pで決定されます。

　アルミニウム合金の剛性率は鉄鋼の1/3なので、アルミニウム合金を用いたはりで鉄鋼と同じねじり剛性を得るためには断面二次極モーメントを3倍にする必要があります。つまり、d^4の項を3倍にするのでアルミニウム合金の断面積は鉄鋼の$\sqrt{3}$倍になります。体積、密度と価格の比は次の通りです。

- 体積　（鉄鋼）：（アルミニウム合金）＝ 1：1.73
- 密度　（鉄鋼）：（アルミニウム合金）＝ 1：0.35
- 価格　（鉄鋼）：（アルミニウム合金）＝ 1：10

重量比とコスト比は下記の通りになります。

- 重量比
　（鉄鋼）：（アルミニウム合金）＝（1×1）：（1.73×0.35）＝ 1：0.6
- コスト比
　（鉄鋼）：（アルミニウム合金）＝（1×1×1）：（1.73×0.35×10）＝ 1：6

　同一のねじり剛性を保持して鉄鋼からアルミニウム合金に置換した場合、40%の軽量化を実現することができますが、コストは6倍になります。

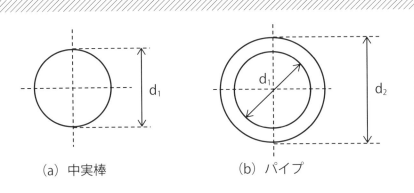

　（a）中実棒　　　　　　　（b）パイプ

第6章　ねじり変形を理解しよう

第6章のまとめ

- ●ねじり変形における3つの基礎式
  - ・トルクTとせん断応力τの関係
    - → モーメントのつり合い

    $\tau = \dfrac{T}{I_p} r$

    T：トルク、Ip：断面二次極モーメント、r：丸棒の中心からの距離

    $I_p = \int r^2 dA$

  - ・せん断応力τとせん断ひずみγの関係
    - → フックの法則

    $\tau = G\gamma$　　G：剛性率

  - ・せん断ひずみγとねじれ角θの関係
    - → せん断ひずみの定義

    $\gamma = R\theta/L$　　R：棒の半径、L：棒の長さ

- ●弾性率Eと剛性率Gの関係

  $G = E/2(1+\nu)$　　ν：ポアソン比

- ●ねじり変形における剛性
  - → (断面二次極モーメント×剛性率)/長さ

  断面二次極モーメント、長さ：形状のパラメータ

  剛性率：材料のパラメータ

全体のまとめ

　最後に、材料力学の全体像と引張・圧縮、曲げ、ねじり変形における剛性の式についてまとめました。本書で述べてきたことは下図に集約されています。道具としての材料力学をものづくりに関わる技術者のみなさんが大いに活用されることを期待しています。

材料力学とは？

→ あらゆる変形形態における構造部材の剛性を調べる学問

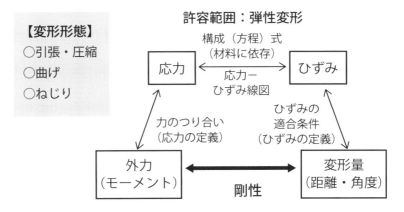

はりの剛性式

引張・圧縮　　$\dfrac{AE}{L}$　　A：断面積（形状）
　　　　　　　　　　　　L：長さ（形状）
　　　　　　　　　　　　E：弾性率（材料）

曲げ　　　　　$\dfrac{EI}{L^3}$　　I：断面二次モーメント（形状）
　　　　　　　　　　　　L：長さ（形状）
　　　　　　　　　　　　E：弾性率（材料）

ねじり　　　　$\dfrac{GI_p}{L}$　　I_p：断面二次極モーメント（形状）
　　　　　　　　　　　　L：長さ（形状）
　　　　　　　　　　　　G：剛性率（材料）

索　　引

英数字
BMD ·· 82
CAE ·· 30
SFD ·· 82

あ
応力－ひずみ線図
　················· 34、40、42、44、46

か
回転運動 ·· 10
回転支点 ·· 72
加工硬化 ·· 42
重ね合せの原理 ························· 120
片持はり ·· 72
機械力学 ·· 22
境界条件 ····································· 108
強度 ·· 44
くびれ現象 ···································· 40
形状凍結性 ···································· 46
剛性 ······························· 24、44、56
構成方程式 ···································· 26
剛性率 ······························· 132、138
剛体 ·· 10
高張力鋼 ·· 44
降伏応力 ·· 40
固体力学 ·· 28
固定支点 ·· 72

さ
最大引張強さ ································ 40
材料強度学 ···································· 28
材料力学 ······························· 14、22
作用、反作用の法則 ····················· 14
試験片 ·· 38
質点 ·· 10
集中荷重 ·· 79
垂直応力 ·· 34
垂直ひずみ ···································· 34
スプリングバック ················ 40、46
すべり ·· 36
静力学 ·· 14
せん断応力 ················ 34、132、134
せん断角 ····································· 132
せん断ひずみ ···················· 34、132
せん断力 ·· 82
せん断力図 ···································· 82
塑性加工 ·· 42
塑性ひずみ ···································· 40
塑性変形 ·· 28
塑性力学 ·· 28

た
たわみ角 ····································· 106
たわみ曲線 ································· 106
たわみ量 ··················· 74、106、116
弾性回復 ·· 40

弾性ひずみ……………………… 40	引張・圧縮……………………… 26
弾性変形………………………… 28	引張試験………………… 34、38
弾性力学………………………… 28	引張強さ………………………… 40
弾性率…………………………… 50	不静定問題……………………… 60
弾塑性力学……………………… 28	フックの法則…………………… 40
断面係数………………………… 94	フリーボディ・ダイアグラム…… 16
断面二次極モーメント…… 134、138	並進運動………………………… 10
断面二次モーメント… 94、100、116	ベクトル………………………… 12
中立軸…………………………… 72	変形体…………………………… 11
中立軸からの距離………… 94、100	変形量……………… 26、50、74、106
等分布荷重……………………… 79	ポアソン比……………………… 132
動力学…………………………… 14	

な

軟鋼……………………………… 44
ねじり…………………………… 26
ねじり剛性………………… 130、138
ねじり試験……………………… 132
ねじり変形……………………… 130
ねじれ角………………………… 130
熱応力……………………… 64、66
熱力学…………………………… 22
伸び量…………………………… 50

は

ま

ハイテン………………………… 44	曲げ……………………………… 26
破壊……………………………… 28	曲げ応力…………………… 94、104
破壊力学………………………… 28	曲げ剛性…………………… 74、116
破断ひずみ……………………… 40	曲げ変形…………………… 72、74
バネ定数…………………… 24、74	曲げモーメント…… 72、82、94、104
反モーメント…………………… 72	曲げモーメント図……………… 82
反力……………………………… 16	モーメント……………………… 12

ら

流体力学………………………… 22
両端支持はり…………………… 72

著者紹介

西野創一郎（にしの　そういちろう）

兵庫県生まれの愛媛県育ち。工学博士。慶應義塾大学大学院博士課程終了後、茨城大学へ。現在、同大学院理工学研究科量子線科学専攻、准教授。専門は材料力学、材料強度学（金属疲労）、塑性加工、溶接工学、X線・中性子線を利用した材料や構造物の解析など。100件以上の企業との共同研究を通じて、ものづくりと基礎工学をつなぐ仕事に奮闘中。

図解　道具としての材料力学入門　　　　　　　　　　　　　NDC500

2018年3月26日　初版1刷発行　　　　定価はカバーに表示されております。

　　　　　Ⓒ著　者　西　野　創　一　郎
　　　　　　発行者　井　水　治　博
　　　　　　発行所　日刊工業新聞社

〒103-8548　東京都中央区日本橋小網町14-1
電話　書籍編集部　03-5644-7490
　　　販売・管理部　03-5644-7410
　　　FAX　　　　 03-5644-7400
振替口座　00190-2-186076
URL　http://pub.nikkan.co.jp/
email　info@media.nikkan.co.jp
印刷・製本　新日本印刷

落丁・乱丁本はお取り替えいたします。　　2018　Printed in Japan
ISBN 978-4-526-07818-7

本書の無断複写は、著作権法上の例外を除き、禁じられています。